建筑 ARCHITECTURE

中国特色高水平建筑装饰工程技术专业群建设系列教材

高等职业教育土建类『十四五』系列教材

智能家居设计与施工

ZHINENG JIAJU SHEJI YU SHIGONG

主编 杨洁 黄金凤 吴良淞

参编 汪明镜 季昊

电子课件
（仅限教师）

华中科技大学出版社
http://press.hust.edu.cn
中国·武汉

图书在版编目（CIP）数据

智能家居设计与施工 / 杨洁，黄金凤，吴良淞主编 . —武汉：华中科技大学出版社，2023.10
ISBN 978-7-5772-0143-6

Ⅰ.①智…　Ⅱ.①杨…②黄…③吴…　Ⅲ.①住宅—智能化建筑—建筑设计②住宅—智能化建筑—工程施工　Ⅳ.①TU241

中国国家版本馆 CIP 数据核字（2023）第 214736 号

智能家居设计与施工
Zhineng Jiaju Sheji yu Shigong

杨洁　黄金凤　吴良淞　主编

策划编辑：康　序
责任编辑：段亚萍
封面设计：孢　子
责任监印：朱　玢
出版发行：华中科技大学出版社（中国·武汉）　　电话：（027）81321913
　　　　　武汉市东湖新技术开发区华工科技园　　邮编：430223
录　　排：武汉创易图文工作室
印　　刷：武汉市洪林印务有限公司
开　　本：787 mm × 1092 mm　1/16
印　　张：10
字　　数：256 千字
版　　次：2023 年 10 月第 1 版第 1 次印刷
定　　价：55.00 元

"智能家居设计与施工"课程是建筑装饰工程技术专业必修的拓展课程,学生已经学过了"建筑装饰设计基础""建筑装饰材料、构造与施工""室内陈设制作与安装""墙、柱面装饰""顶棚装饰""楼地面装饰""门窗与楼梯扶栏装饰"等专业课程,本课程的着眼点是对专业技能的拓展,直接对应装饰公司的设计员岗位。2021 年,该课程被"双高"建设专业群建筑装饰工程技术专业列入首批建设课程,这也是时代发展的需要。

本教材就是在这样的背景下产生的,它是建筑装饰工程技术专业教学改革的产物,以工作程序为主线,以模块化展现、任务化实施,每个任务部分结合课程思政要求进行编写。模块一每个工作任务都由"教学目标""设计内容""知识链接""任务实施""任务评价""拓展与提高""实训提纲"几大部分构成,模块二每个工作任务都由"教学目标""任务描述""知识链接""任务实施""任务评价""拓展与提高""实训提纲"几大部分构成,方便教师组织教学活动,为从事本课程教学的教师提供了有价值的教学方法和思路。

本教材的出版在建筑装饰工程技术专业的教学改革中能够起到积极的推动作用,学生能够更好地掌握本课程内容,学校能够更容易地组织教学。

本教材由国家示范、"双高"建设院校 —— 江苏建筑职业技术学院建筑装饰学院建筑装饰工程技术专业教师杨洁副教授、黄金凤教授以及高级工程师(国家软考网络规划设计师)、浙江省物联网技术应用高水平专业建设带头人吴良淞主编,同时在编写过程中得到了江苏建筑职业技术学院汪明镜博士、上海晶昊建筑装饰工程有限公司徐州分公司季昊设计总监的大力帮助。杨洁老师设计了全书的结构,撰写了模块一的任务一、任务二、任务七、任务八、任务九,模块二的任务一、任务二,并负责全书的统稿;黄金凤老师撰写了模块一的任务三、任务四、任务五、任务六;吴良淞高级工程师撰写了模块二的任务三、任务四、任务五。江苏建筑职业技术学院的领导和老师对本书的编写给予了很大的关心与支持,在此特向他们表示衷心的感谢。

为了方便教学,本书还配有电子课件等资料,任课教师可以发邮件至 husttujian@163.com 索取。

由于本教材是教学改革的产物,加之作者水平有限,一定存在着许多不足之处,敬请同行对本教材提出宝贵意见,以期在今后再版时予以充实与提高。

编者
2023 年 8 月

目录
Contents

模块一

智能家居功能空间场景设计

任务一 智慧展厅设计

教学目标

教学目标如表 1-1-1 所示。

表 1-1-1　教学目标

学习任务	智慧展厅设计
建议学时	2 学时
本节学习目标	1. 了解智能家居功能空间用途； 2. 掌握智能家居功能空间设计原则； 3. 掌握智慧展厅设计方法
本节任务	学习知识链接内容，了解智能家居功能空间用途，掌握智慧展厅设计原则、方法
设计技巧	从展厅的功能、材质、形式、光效及展示手法等入手

设计内容

设计内容如图 1-1-1 和图 1-1-2 所示。

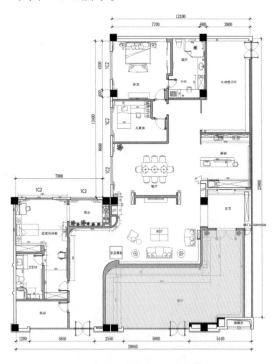

图 1-1-1　智慧展厅平面图

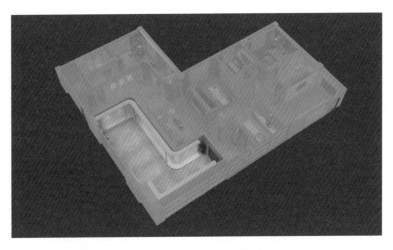

图 1-1-2　智慧展厅轴测图

一、智慧展厅

1. 数字展示

数字展厅已经逐渐把静态展示转化为动态展示,融入了众多数字展厅设备,可以增加和参观者之间的信息互动,有利于品牌的传播和形象宣传。数字展厅的优势是在传统的展厅基础之上提升了原有的艺术性,加上了互动技术,由新电子设备和软件制作出的数字内容组合而成,拥有着科技感十足的多媒体展项。数字展厅一般都会融入大量的数字化元素,相较于传统展厅来说,互动性更强,所带来的体验也更生动、更深刻。数字展厅的展现形式更为丰富,它可以基于传统展厅而又打破传统展厅的界限,以多样化的形式向参观者展示信息内容。数字展厅融趣味性和互动性为一体,带给参观者视觉的震撼。数字展厅对于枯燥的展项来说是一种很好的展现形式,能够让人们通过参观更加深入地了解展览的内容。在参观的过程中,参观者都表示数字展厅比传统的展示方式更吸引人(见图 1-1-3 和图 1-1-4)。

图 1-1-3　数字展厅展示

图 1-1-4　数字展厅展示

2. 虚拟展示

虚拟展示通过通电玻璃投影技术,实现实物影片相结合的模式,生动形象地向公众展示智慧社区、智慧城市等智能家居技术原理相关知识(见图 1-1-5 和图 1-1-6)。

通电状态下为透明展示柜

断电模式投影画面渐进

完全投影影片模式

图 1-1-5　虚拟展厅展示

展示内容：智慧校园内容
展示形式：投影&雷达互动

图 1-1-6 虚拟展厅展示

二、智慧展厅使用材料

1. 地面材料

地面材料对展厅场馆空间色调的影响比较大。常用的地面材料有复合板、地胶、地毯、装饰布、天然石材、人造石材地砖、纺织型产品制作的地毯、人造制品的地板(塑料)等,其中地毯和地胶选用的概率大,这两种材料因踏上去"脚感"比较舒适,铺设与拆卸方便,色彩纹理比较丰富,备受企业的青睐。

2. 墙面材料

墙面材料主要有透光又透明、透光不透明、不透光又不透明等多种材料可供选择。主要有各种彩色玻璃、有机玻璃、磨砂玻璃及雾面有机玻璃等,设计者可以根据需要进行选择。

3. 贴面材料

贴面材料是一种价格比较实惠的材料,可以起到很好的营造展厅空间的效果,普遍受到展厅设计公司的喜欢,而且更新和改造都比较方便。

4. 天花材料

格栅天花,减少空间压抑感,视觉上增高空间,便于展厅灯光控制,使整个展厅有视觉焦点感。异形石膏天花,具有防火、隔音、隔热、轻质、高强、收缩率小等特点,减少空间压抑感,便于展厅灯光控制等。

5. 灯箱饰面材料

灯箱布柔软、可塑性强,上面可喷绘各种彩色图形和文字,也便于拆装,适合制作大型灯箱。

随着科技的发展和各种新型建筑材料、装饰材料的陆续涌现,展馆场馆空间需要不断发现和挖掘出新的装饰材料。

三、智慧展厅照明设计

展厅照明设计分为直接照明、局部照明、背景照明、装饰照明等,利用明暗、距离、高度、形状、对比度、角度、光色组合等,创造多彩的氛围,丰富了展览空间,颜色渐变增强了吸引力。

1. 光环境

从形式上看,光的形状可分为点光、线光和面光三大类。点、线、面的合理、适度搭配是满足需要、营造美感的必要条件。构思光环境,确定照明方式,选择照明设施是展厅光环境设计的主要内容。

照明器的选择应考虑到眩光的限制和效率的提高。一方面,从色彩要求的角度来看,在光照水平适中的情况下,以选择舒适的照明色温为宜。尽量使用冷光源,要求光源具有高显色性(R_a 80 以上),最好没有紫外线,才能真实再现产品的本色。另一方面,适当运用"魅力"的展示方式,营造出一些色差,营造出不同情绪氛围的空间。展示氛围离不开灯光和色彩。一般色温低的光源比较暖,会产生温暖向上的感觉。随着色温的升高,光源逐渐由暖转冷,产生清凉轻快的感觉。利用这种色温变化规律和冷暖符号功能,可以营造出多种展示氛围。如果在基础照明中使用高色温光源,会营造出阴郁的气氛,产生沉重感,设计师必须控制好尺度。当然,照明的诀窍更多的是调整亮度,控制灯具与产品之间的距离,确保每个角度都柔和,避免眩光、散射或反射。

2. 展厅功能区照明处理

无论是主题厅、概念店,还是大型展厅,展厅可分为形象墙和服务台、品牌实力展示区、样板间展示区、一般展示选材区、工程讨论区。根据产品展示等功能,不同区域的照明要求有很大差异。

展厅形象墙和服务台(收银台)要求展示企业品牌,具有良好的引导功能,满足填写文件和现金结算的需要。该区域通常使用重点照明。墙的照度一般控制在 1500 lx 左右。服务台要显眼,亮度不能太低,还要考虑到前台工作人员长时间在这种环境下工作的感觉。

产品展示区是展示产品款式、颜色和质感的主要区域,一般采用射灯,从上到下采用单一照明方式。暗槽灯条可以适当地安装在展架上,既可以消除阴影,也可以增强展架的空间感。产品显示要求颜色一致,避免因光照不均造成"非先天"色差,照度控制在 1000 lx 左右。据行业调查显示,照明能有效提高展品知名度 30%~50%。

洽谈区的重点是营造轻松、舒适的沟通氛围。灯光的亮度和色温不宜过高,以免灼热、刺眼或产生不热情的冷漠感。一般采用 T5 灯作为暗槽灯带,通过二次反射的背景可以满足日常管理的需要。最好根据整个展厅的风格特点,选择装饰性强的防眩光灯具,悬挂安装,在不影响舒适度的情况下清晰地照亮面部表情。

四、智慧展厅色彩设计

颜色是构成视觉美的重要因素之一。当人们观察一个物体时,第一个视觉反应是颜色。在第一眼的前 20 秒内,人们大约 80% 的注意力集中在颜色上,而只有 20% 的注意力集中在形状上。

颜色是最直观、最容易对人们的心理产生影响的设计因素。不同的色彩在参观者的视觉和心理上有着明显的差异。色彩设计是展厅空间另一个难以表达的方面。不同地区、不同民族、不同文化传统的人们对颜色的偏好存在很大差异,颜色的象征意义也各不相同。因此,展厅空间的色彩应根据展厅的位置、展厅的性质、参观对象特别是目标观众的特点,科学合理地设计。

"色彩的感觉是一般美的最流行的形式",色彩蕴含着深刻的审美意义。颜色的选择是对展厅主题、特点和要求的选择。通常红色用于庆祝活动,以表达喜悦之情。例如:2010 年上海世博会中国馆采用 7 种不同的红色设计场馆,形成了中国独特的建筑风格。绿色常用于环保和邮政展览,表达和平与安全。橙色、黄色等暖色系常用于食品展,让人觉得开胃可口。商业展览活动,整体色调多以中性色或柔和的灰色突出展品。而科技产品陈列则乐于使用蓝色,给人一种神奇、理性的感觉。

色彩是展厅设计的重要设计内容之一。展厅内基本统一或相近的色彩会影响或决定展厅的整体风格。展厅局部位置鲜艳亮丽的色彩可以突出展品的重要性,各部分色彩的协调也可以烘托出展厅的环境氛围。

知识链接

(1)沉浸式体验 VR 现场直击!健康中国论坛云展厅首次亮相。
https://baijiahao.baidu.com/s?id=17400137583607l3239&wfr=spider&for=pc2。
(2)绘枫互动科技。
http://www.szhfhd.com/index.php?m=content&c=index&a=lists&catid=11#SEM-baidu-SS-PC-chuangyi。

任务实施

(1)统领:主案设计师小杨通过甲方提出的功能空间描述,了解到本案涉及的所有功能空间均采用智能、智慧化设计,并满足教学需求,团队对智能家居设计效果充满了期待,开始搜集智能家居设计相关资料展开设计。

(2)碰撞:4~6 人一组,分析讨论后,组内推荐一人,扮演主案设计师小杨,进行角色表演,表演时长 2~3 分钟。

(3)落实:经团队分析研讨后,从搜集得到的大量的关于智慧展厅的资料中筛选,最终完成如图 1-1-1 所示的智慧展厅平面方案图、图 1-1-2 所示的智慧展厅轴测图、图 1-1-3 至图1-1-6 所示的效果图。

任务评价

任务评价如表 1-1-2 所示。

表 1-1-2　任务评价

评估细则	分值	学生自评	小组互评	教师考核
活动组织有序，组员参与度高	10			
对智能家居的感受充分	50			
逻辑清晰，分析合理	15			
叙述条理性强，表达清晰	15			
表演感染力强	10			
总分	100			
各项总平均分				

拓展与提高

（1）展览的内容。

展览的内容是展览的重中之重，有综合展览和专业展览两种展示内容。综合展览是指向专业观众开放，以展示和交易多种行业和产品为内容的展览会。而专业展览是指展示某一行业甚至某一项产品，展出者和参观者都是专业人士的展览会，如汽车展、珠宝展、服装展、建材展等。

（2）展览的性质。

就展览的特性来讲，它能够分为两大类：贸易展览和消费展览。贸易展览的主要形式是各领域举行的展览活动，整个展览活动以围绕商务交流和贸易谈判为主；消费展览则是为了宣传企业的产品，从而促进产品的销售而进行的展览活动。通俗来说，针对行业来说的展览是贸易展览，而对大众开放的就是消费展览。

（3）展览时间。

从展览的时间需求来看，可以根据定期展览和不定期展览去设计，这两种展览对于材料的需求差别是比较大的。像国际汽车展，通常是一年一次、每两年一次，甚至每四年一次，地区车展通常一年举行一次，所以它们的设计需求也是不同的。

（4）场地位置。

从展览的场地位置来看，展览可以分为室内展览和室外展览。室内展览一般用来举行常规的展览，例如家具展览、科技展览和服饰展览等；而室外展览常用于一些重工业或大型的展览，比如农业展览、植物展览和汽车展览、飞机展览等。

（5）展览规模。

从展览的规模来看，展览可以分为国际展览、全国展览、地区展览和地方展览，以及每个企业的独家展览。一般国际展览和全国展览规模都是比较大的，展览名气会比较大，参展商也更多。根据展览的规模需求进行设计，可以更好地突出展览的主题，是比较重要的一步。

实训提纲

1. 目的要求

通过实训,使学生对智慧展厅的设计方法、设计步骤有所理解和掌握。智慧展厅的装饰为整个居室空间的点睛之笔,也是客户的家庭气质的体现,通过练习使学生真正体会到智慧展厅集装饰性、功能性于一体的设计理念。

2. 实训项目支撑条件

此环节的实训项目可以结合洽谈技巧的相关训练进行,通过设计师与客户沟通的过程,了解客户的喜好、对空间的使用要求,从而进行原始资料的收集与分析,进行智慧展厅的空间设计。

3. 实训任务书

(1)完成智慧展厅设计方案。

(2)作业要求:

①客户的背景资料与要求分析。

②智慧展厅设计不仅满足展厅的功能需求,还要与整体风格相统一,特点鲜明。

③智慧展厅空间内部功能分区合理,符合人的行为习惯。

④室内空间色彩搭配合理,照明设计科学,界面装饰材料运用得当。

(3)作业成果:

①客户的背景资料与要求分析报告一份。

②智慧展厅的设计说明、平面图、顶棚图、立面图、透视图。

③采用学生自评、小组互评完成表 1-1-2 的填写。

(4)考核方法:根据上交的作业的质量、上课期间教师抽查的结果等,给学生打出优、良、合格、不合格。

任务二 智慧玄关设计

教学目标

教学目标如表 1-2-1 所示。

表 1-2-1   教学目标

学习任务	智慧玄关设计
建议学时	2 学时
本节学习目标	1. 了解智能家居功能空间用途； 2. 掌握智能家居功能空间设计原则； 3. 掌握智慧玄关设计方法
本节任务	学习知识链接内容，了解智能家居功能空间用途，掌握智慧玄关设计原则、方法
设计技巧	从智慧玄关的功能、风格、材质、形式、光效等入手

设计内容

设计内容如图 1-2-1 和图 1-2-2 所示。

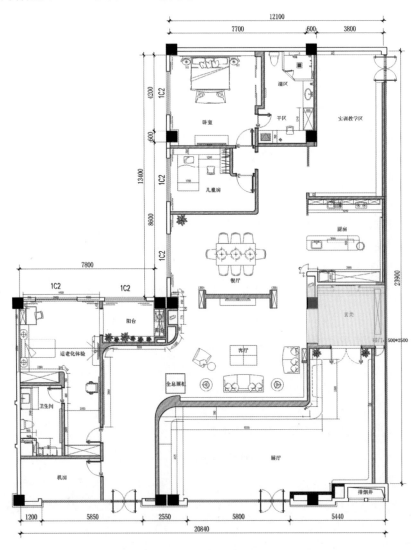

图 1-2-1   智慧玄关平面图

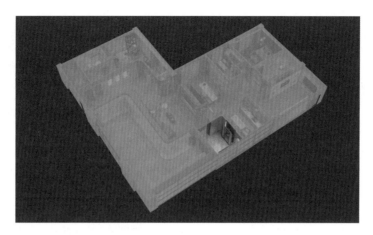

图 1-2-2 智慧玄关轴测图

一、智慧玄关的作用

1. 视觉屏障作用

智慧玄关对户外的视线产生了一定的视觉屏障作用,不至于开门见厅,让人们一进门就对客厅的情形一览无余。它注重人们户内行为的私密性及隐蔽性,保证了厅内的安全性和距离感,在客人来访和家人出入时,能够很好地解决干扰和心理安全问题,使人们出门入户过程更加有序。智慧玄关采用对称式设计手法,造型左右两边采用长虹玻璃内嵌条形暖色灯带,使得背景忽隐忽现,让观者产生一种梦幻的新鲜感。造型正中间采用智能触摸屏,可以语音交互对话,瞬间了解家里的一切状态,让参观者赏心悦目地体验高科技带来美好生活的幸福感,如图 1-2-3 所示。

图 1-2-3 视觉屏障作用

2. 较强的使用功能

智慧玄关在使用功能上,可以作为简单地接待客人、接收邮件、换衣、换鞋、搁包的地方,最好把鞋柜、衣帽架、穿衣镜等设置在智慧玄关内。鞋柜可做成隐蔽式,衣帽架和穿衣镜的造型应美观大方,与整个智慧玄关风格相协调,如图 1-2-4 所示。

图 1-2-4　智慧玄关的使用功能

3. 装饰作用

推开房门,第一眼看到的就是智慧玄关。这里是客人从繁杂的外界进入这个家庭的必经之处,可以说,智慧玄关设计是设计师整体设计思想的浓缩。它在房间装饰中起到画龙点睛的作用,能使客人进门就有眼前一亮的感觉。

二、智慧玄关的设计要点

1. 满足实用性

智慧玄关同室内其他空间一样,也有其使用功能,就是供人们进出家门时,在这里更衣、换鞋,以及整理装束。因此,需要在智慧玄关处设置必需的家具,如鞋柜、衣帽柜、镜子、坐凳等。因为智慧玄关是出入房间的必经之路,使用频率很高,所以还需要考虑局部地面的易清洁性。

2. 突出间隔性

之所以要在进门处设置"智慧玄关",还有一个原因就是遮挡人们的视线。这种遮蔽并不是完全的遮挡,而要有一定的通透性。

如:低柜隔断式,是以低形矮台来限定空间,既可储放物品杂件,又起到划分空间的作用;格栅围屏式,主要是以带有不同花格图案的透空木格栅围屏做隔断,能产生通透与隐隔的互补作用;玻璃通透式,以大屏玻璃做装饰遮隔,或既分隔大空间又保持大空间的完整性。

3. 注重风格与情调

智慧玄关的装修设计,浓缩了整个室内设计的风格和情调。如采用中式的木格栅、花格窗等装饰手法,形成主要交通空间的视觉重点,能够直接显示出主人的生活品位和兴趣修养。

三、智慧玄关空间划分的常见形式

从智慧玄关与房子的关系上,智慧玄关空间划分一般有以下几种形式:

(1)独立式:一般智慧玄关狭长,是进门通向厅堂的必经之路。可以选择多种装潢形式进行处理。

(2)邻接式:与厅堂相连,没有较明显的独立区域。可使其形式独特,或与其他房间风格相融。

(3)包含式:智慧玄关包含于厅堂之中,稍加修饰,就会成为整个厅堂的亮点,既能起分隔作用,又能增加空间的装饰效果。

由此可见,智慧玄关的设计应依据房型和形式的不同而定,可以是圆弧形的,也可以是直角形的,有的房型入口还可以设计成智慧玄关走廊。式样有木制的、玻璃的、屏风式的、镂空的等。

智慧玄关的变化离不开展示性、实用性、引导过渡性三大特点,归纳起来主要有以下几种常规设计方法:

(1)低柜隔断式:是以低形矮台来限定空间,既可储放物品杂件,又起到划分空间的作用。

(2)玻璃通透式:是以大屏玻璃做装饰遮隔,或既分隔大空间又保持大空间的完整性。

(3)格栅围屏式:主要是以带有不同花格图案的透空木格栅围屏做隔断,能产生通透与隐隔的互补作用。

(4)半敞半隐式:是以隔断下部为完全遮蔽式设计。

(5)顶地灯呼应:中规中矩,这种方法大多用于智慧玄关比较规整方正的区域。

(6)实用为先,装饰点缀:整个智慧玄关设计以实用为主。

(7)随形就势,引导过渡:智慧玄关设计往往需要因地制宜、随形就势。

(8)巧用屏风分隔区域:智慧玄关设计有时也需借助屏风以划分区域。

(9)内外智慧玄关:华丽大方,对于空间较大的居室,智慧玄关大可处理得豪华、大方。

(10)通透智慧玄关:扩展空间,空间不大的智慧玄关往往采用通透设计以减少空间的压抑感。

四、智慧玄关的界面设计

1. 地面

人们大都喜欢把智慧玄关的地坪和客厅区分开来,自成一体。或用纹理美妙、光可鉴人的磨光大理石拼花,或用图案各异、镜面抛光的地砖拼花勾勒而成。在此,我们需把握三大原则:易保洁、耐用、美观。

2. 墙面

智慧玄关的墙面往往与人的距离很近,常只作为背景烘托。设计师选出一块主墙面重点加以刻画,或施以水彩,或饰以木质壁饰,或刷浅色乳胶漆,再设计一个别致的大理石摆台,下面以雅致的铁花为托脚。我们应该把握,智慧玄关的墙面设计重在点缀达意,切忌堆砌重复,且色彩不宜过多。

3. 顶棚

智慧玄关的空间往往比较局促,容易产生压抑感,但通过局部的吊顶配合,往往能改变智慧玄关空间的比例和尺度。在设计师的巧妙构思下,智慧玄关吊顶往往成为极具表现力的室内一景。它可以是自由流畅的曲线,也可以是层次分明、凹凸变化的几何体,还可以是大胆露骨的木龙骨,上面悬挂点点绿意。这里我们需要把握的原则是:简洁、整体统一、有个性。要将智慧玄关的吊顶和客厅的吊顶结合起来考虑。

五、智慧玄关的照明设计

智慧玄关是迎接宾主的第一道关口,此处的光照最能影响我们进入居室的情绪基调,亦是体现室内装修的整体水准的第一印象处,照度要亮一些,以免给人晦暗、阴沉的感觉。如果在进门处采用广泛照明的吸顶灯或较亮的壁灯,则可带出热情愉悦的气氛;也可以在墙壁上安装一盏或两盏造型别致的壁灯,保证门厅内有较高的亮度,使环境空间显得高雅一些。灯具的规格、风格应与客厅配套。也有使用射灯的,那必然是有特别的屏风、装饰品等需要强调

六、智慧玄关的绿化设计

智慧玄关适合摆放水养植物或高茎植物,比如水养富贵竹、万年青、发财树,或高身铁树、金钱榕等。因为玄关处一般都有风,空气流动性比较大,养上一些高大的植物或水生植物,有利于保持房间的湿度和温度平衡。

知识链接

(1)智汇云全屋智能,为你定制未来美好生活。
https://baijiahao.baidu.com/s?id=1722168555308542230&wfr=spider&for=pc。
(2)沉浸式回家,智慧玄关让你仪式感满满!
http://news.sohu.com/a/564769494_120117236。

任务实施

(1)统领:主案设计师小杨通过甲方提出的功能空间描述,了解到本案涉及的所有功能空间均采用智能、智慧化设计,并满足教学需求,团队对智能家居设计效果充满了期待,开始搜集智能家居设计相关资料展开设计。

(2)碰撞:4～6人一组,分析讨论后,组内推荐一人,扮演主案设计师小杨,进行角色表演,表演时长2～3分钟。

(3)落实:经团队分析研讨后,从搜集得到的大量的关于智慧玄关的资料中筛选,最终完成如图1-2-1所示的智慧玄关平面图、图1-2-2所示的智慧玄关轴测图、图1-2-3和图1-2-4所示的效果图。

任务评价

任务评价如表1-2-2所示。

表 1-2-2　任务评价

评估细则	分值	学生自评	小组互评	教师考核
活动组织有序，组员参与度高	10			
对智能家居的感受充分	50			
逻辑清晰，分析合理	15			
叙述条理性强，表达清晰	15			
表演感染力强	10			
总分	100			
各项总平均分				

拓展与提高

一、智能家居智慧玄关设计要素

1. 灯光

智慧玄关一般都不会紧挨窗户，利用自然光的参与来提高区间的光感是不可苛求的。因而，必须通过合理的灯光设计来烘托智慧玄关明朗、温暖的氛围。一般在智慧玄关处可配置较大的吊灯或者吸顶灯做主灯，再添置些射灯、壁灯、荧光灯等做辅助。

2. 墙面

依墙而设的智慧玄关，其墙面色调是视野最早接触点，也是给人的整体颜色印象。清新的水湖蓝、温情的橙黄、浪漫的粉紫、淡雅的嫩绿，缤纷的颜色能带给人不同的心情，也暗示着室内空间的主色调。智慧玄关的墙面以中性偏暖的色系为好。

3. 家具

条案、低柜、边桌、明式椅、博古架，智慧玄关处不同的家具摆放，可以承担不同的功能，或者收纳，或者展现。鉴于智慧玄关空间的有限性，在智慧玄关处摆放的家具应以不影响主人的出入为原则。如果居室面积偏小，可以利用低柜、鞋柜等家具扩大储物空间，像手提包、钥匙、纸巾、帽子、便笺等物品就可以放在柜子上。另外，还可通过改装家具来达到一举两得的效果，如把落地式家具改成悬挂的陈列架，或把低柜做成敞开式挂衣柜，增加实用性的同时又节省了空间。

4. 装饰

做智慧玄关不仅要考虑功能性，装饰性也不能忽视。一盆小小的雏菊，一幅家人的合影，一张充满异域风情的挂毯，有时只需一个与智慧玄关相配的陶制花瓶和几枝干花，就能为智慧玄关烘托出非同一般的气氛。另外，还可以在墙上挂一面镜子，或不加任何修饰的方形镜面，或镶嵌有木格栅的装饰镜，不仅可以让主人在出门前整理装束，还可以扩大视觉空间。

5．地面

智慧玄关地面是家里使用频率最高的地方。因此,智慧玄关地面的材料要具备耐磨、易清洗的特点。地面的装修通常依整体装饰风格的具体情况而定,一般用于地面的铺设材料有玻璃、木地板、石材或地砖等。如果想让智慧玄关区域与客厅有所分别的话,可以选择铺设与客厅颜色不一样的地砖。还可以把智慧玄关的地面升高,在与客厅的连接处做一个小斜面,以突出智慧玄关的特殊地位。

二、智能家居智慧玄关设计流行趋势

1．定做整体衣柜

整体衣柜的收纳功能远远超过我们买的衣柜,而且充分利用了进门处墙面的狭小空间,最大限度地满足了收纳衣物的需要,又减轻了卧室的压力。对于无法单独开辟衣帽间的家庭来说,根据房型,如果条件允许,在智慧玄关处打一个整体衣柜是最佳的收纳方案。

2．艺术造型的个性智慧玄关

智慧玄关不仅能收纳鞋帽和衣物,对于喜欢收纳好酒的人来说,如果你的家不够大,没有单独的吧台,完全可以把智慧玄关做成酒柜和吧台,既满足储酒功能,又可实现二人就餐,同时兼具美观效果。

3．新中式风格鞋柜

让家极简又不过时的新中式风格越来越流行,用饰有古典图案纹样的鞋柜当智慧玄关成为一种趋势。既分隔空间,又通透美观。

如果你家的空间很小,在智慧玄关处放一个小巧而且多功能的架子也是精明的选择。最好这个架子的搁板有三层或三层以上,这样就可以根据情况放置不同的物品,将美观和实用集于一身。此外,收纳鞋柜可以选择带很多抽屉的,可分别收纳鞋子、小件衣物、手套等物品。还可以在旁边的空白墙壁上安装挂钩和搁架,收纳进门后脱下的衣物,方便寻找。

4．装饰隔栅代替屏风

之所以要在进门处设置"智慧玄关",最大作用就是遮挡视线,打造居室私密性。智慧玄关是大门和客厅之间的缓冲,如果家人在客厅的一举一动,客人在大门口便一览无余,那会很尴尬,所以保证智慧玄关的私密功能也很重要。当下的智慧玄关设计已经不再流行用高大的艺术屏风彻底隔离视线,而用木质、玻璃或珠帘等做隔断,强调自然划出区域,既在视觉上区隔空间,又不影响通透感。

一般采用全镂空的窗格镶嵌或毛玻璃,古朴雅致,旁边搭配衣柜和鞋柜,一点也不显呆板。也有完全不用玻璃的,用珠帘,若隐若现的感觉也很不错。

5．大屏玻璃造型

以大屏的玻璃固定在不锈钢架或木制架栏上,简约清爽而且和整体环境很好配合。压花玻璃、喷砂彩绘玻璃或磨花造型均可,半遮半掩中就区隔了空间。旁边再摆放一盆绿植,让人一进门就感觉到浓浓的生机。

6.原木、玻璃和隔栅相结合

以回归自然的原木做底,同时把玻璃和隔栅这两种材料结合起来,既体现玻璃的通透性,又不忘隔栅的隐蔽性,同时下面原木材质的鞋柜、边框与居室的实木色彩相统一。智慧玄关设计的大气造景和灯光运用尤为重要。

7.用镜子改变狭长空间

如果受户型限制无法达到更衣、储物等实用功能也不必强求,花点心思顺其自然设计智慧玄关,不但能起到空间过渡作用,还能让智慧玄关绽放意外的光彩。比如可以考虑镜子的妙用,对于狭长的智慧玄关、长长的走廊,可以通过镜子的反射作用改变狭长空间带来的视觉不适感。

8.巧用色彩和灯光

智慧玄关的色彩和灯光非常重要。智慧玄关一般没有采光的窗户,只能采用人工照明,通常用白炽灯、吸顶灯和壁灯,不宜采用日光灯,后者在狭小的智慧玄关里显得太刺眼。在色彩的处理上要注意和相邻空间相适应,暖色调的智慧玄关可适当加一些饰物,营造一种宾至如归的感觉;冷色调的智慧玄关,摆设应尽量简单,不应有过多杂物,这样才显得更宽敞明亮。

实训提纲

1.目的要求

通过实训,可以使学生对玄关的设计方法、设计步骤有所理解和掌握。玄关的装饰为整个居室空间的点睛之笔,也是客户的家庭气质的体现,通过练习使学生真正体会到玄关集装饰性、功能性于一体的设计理念。

2.实训项目支撑条件

此环节的实训项目可以结合洽谈技巧的相关训练进行,通过设计师与客户沟通的过程,了解客户的喜好、对空间的使用要求,从而进行原始资料的收集与分析,进行玄关的空间设计。

3.实训任务书

(1)完成玄关设计方案。

(2)作业要求:

①客户的背景资料与要求分析。

②玄关设计不仅满足玄关的功能需求,还要与整体风格相统一,特点鲜明。

③玄关空间内部功能分区合理,符合人的行为习惯。

④室内空间色彩搭配合理,照明设计科学,界面装饰材料运用得当。

(3)作业成果:

①客户的背景资料与要求分析报告一份。

②玄关的设计说明、平面图、顶棚图、立面图、透视图。

③采用学生自评、小组互评完成表1-2-2的填写。

(4)考核方法:根据上交的作业的质量、上课期间教师抽查的结果等,给学生打出优、良、合格、不合格。

任务三 智慧客厅设计

教学目标

教学目标如表 1-3-1 所示。

表 1-3-1 教学目标

学习任务	智慧客厅设计
建议学时	2 学时
本节学习目标	1. 了解智能家居功能空间用途； 2. 掌握智能家居功能空间设计原则； 3. 掌握智慧客厅设计方法
本节任务	学习知识链接内容，了解智能家居功能空间用途，掌握智慧客厅设计原则、方法
设计技巧	从智慧客厅的功能、风格、材质、形式、光效等入手

设计内容

设计内容如图 1-3-1 和图 1-3-2 所示。

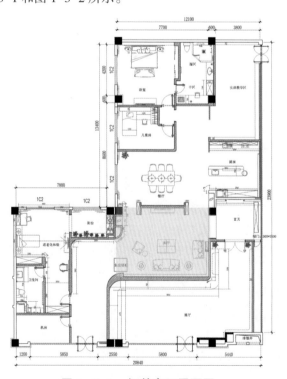

图 1-3-1 智慧客厅平面图

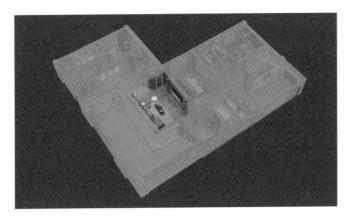

图 1-3-2　智慧客厅轴测图

　　客厅是居住空间的活动中心,也是居住空间装饰的重头戏。智慧客厅的主要功能是家庭会客、看电视、听音乐、家庭成员聚谈等。由于客厅具有多功能的使用性、面积大、活动多、人流导向相互交替等特点,因此在设计时应充分考虑环境空间的弹性利用,突出重点装修部位。在家具配置设计时应合理安排,充分考虑人流路线以及各功能区域的划分。然后再考虑灯光、色彩的搭配以及其他各项智能客厅的辅助功能设计,如图 1-3-3 至图 1-3-9 所示。

图 1-3-3　智慧客厅

客厅背景墙投影实现多种风格切换,不仅可播放影片,也可成为教学影片播放载体,播放时附近光影明暗可调节。

图 1-3-4　智慧客厅

图 1-3-5　智慧客厅

客厅背景墙投影实现多种风格切换

图 1-3-6　智慧客厅

客厅背景墙投影实现多种风格切换

图 1-3-7　智慧客厅

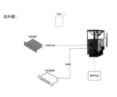

图 1-3-8　智慧客厅

图 1-3-9　智慧客厅

知识链接

（1）智汇云全屋智能，为你定制未来美好生活。

https://baijiahao.baidu.com/s?id=1722168555308542230&wfr=spider&for=pc。

（2）住进"全屋智慧"的家，是种什么体验？是年轻人无法拒绝的科技感。

https://baijiahao.baidu.com/s?id=1735852357321894691&wfr=spider&for=pc。

任务实施

（1）统领：主案设计师小杨通过甲方提出的功能空间描述，了解到本案涉及的所有功能空间均采用智能、智慧化设计，并满足教学需求，团队对智能家居设计效果充满了期待，开始搜集智能家居设计相关资料展开设计。

（2）碰撞：4～6人一组，分析讨论后，组内推荐一人，扮演主案设计师小杨，进行角色表演，表演时长 2 ~ 3 分钟。

（3）落实：经团队分析研讨后，从搜集得到的大量的关于智慧客厅的资料中筛选，最终完成如图 1-3-1 所示的智慧客厅平面图、图 1-3-2 所示的智慧客厅轴测图、图 1-3-3 至图 1-3-9 所示的效果图。

任务评价

任务评价如表 1-3-2 所示。

表 1-3-2　任务评价

评估细则	分值	学生自评	小组互评	教师考核
活动组织有序，组员参与度高	10			
对智能家居的感受充分	50			
逻辑清晰，分析合理	15			
叙述条理性强，表达清晰	15			
表演感染力强	10			
总分	100			
各项总平均分				

拓展与提高

一、客厅布置的相关尺度

空间尺度合理性是居住建筑装饰设计的重要内容，而空间设计的重要依据是人体工程学，体现对使用者的重视，即人性化设计。人体工程学在居住建筑装饰设计中的应用主要体现在三个方面：①为确定空间范围提供依据；②为家具设计提供依据；③为确定人的感觉器官对环境的适应能力提供依据。人在空间中的尺度主要表现为静态尺度和动态尺度，如图 1-3-10 至图 1-3-12 所示。

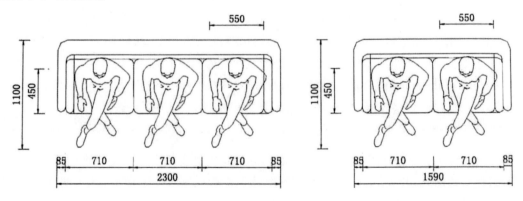

图 1-3-10　沙发的相关尺度

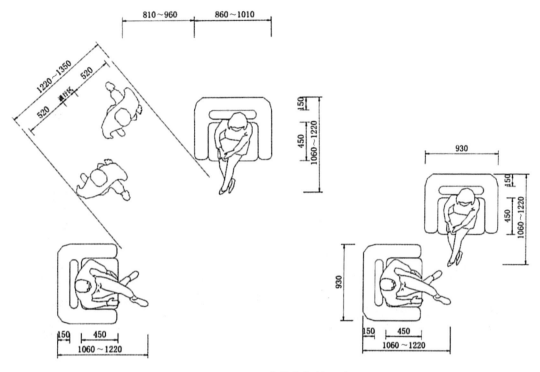

图 1-3-11　沙发的相关尺度

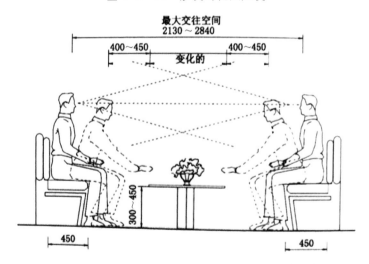

图 1-3-12　人在使用沙发过程中的相关动态尺度

二、客厅中谈话区的布置技巧

　　客厅的家具应根据该室的活动和功能性质来布置。其中最基本的要求,是设计包括茶几在内的一组休息、谈话使用的座位(一般为沙发),以及相应的诸如电视、音响等设备用品。多功能组合家具可存放多种多样的物品,常为客厅所采用。整个客厅的家具布置应做到简洁大方,突出以谈话区为中心的重点。

现代家具类型众多,可按不同风格采用对称形、曲线形或自由组合形布置。不论采用何种布置方式的座位,均应有利于谈话的方便。为了避免对谈话区的各种干扰,室内交通路线不应穿越谈话区。门的位置宜偏于室内短边墙面或谈话区,位于室内一角或尽端,以便有足够实墙面布置家具,形成一个相对完整的独立空间区域,如图 1-3-13 所示。

图 1-3-13　休闲时尚的客厅谈话区设计

三、视听空间的布置技巧

视听空间是客厅视觉注目的焦点,现代住宅愈来愈重视视听区域的设计。通常,视听区布置在主座的迎立面或迎立面的斜角范围内,以便视听区域构成客厅空间的主要目视中心,并烘托出宾主和谐、融洽的气氛。

1. 电视机的摆放位置

电视机的摆放要三思而后行,多选择几个角度试试,最后选定一个能达到图像清楚、音质优良的位置摆放,要尽量避免灯光或阳光直射屏幕。同时还应远离磁性物品,如收音机、录音机、空调机等。

2. 电视机的摆放高度

电视机摆放的高度应当符合人体工程学的要求,宜放在人的视平线以下,过高会使观者在长时间观看时产生疲劳和不舒适的感觉。还要注意电视机与人的距离不宜太远或太近,否则会影响视力。

四、客厅的界面设计

1. 地面

客厅的地面宜采用木地板或地毯等较为亲切的装修材料,也可采用硬质的木地板和石材相结合的处理方法,组成有各种色彩和图案的区域来限定和美化空间。

2.墙面

客厅的墙面设计效果直接影响室内的空间气氛。通过精心的设计,可创造出客厅不同的艺术情调和风格特色。

1)突出重点

客厅的"主题墙"是指客厅中最引人注目的一面墙,一般是放置电视、音响的那面墙,也称电视背景墙。在这面"主题墙"上,设计师采用各种手段来突出主人的个性特点。

例如,利用各种装饰材料在墙面上做一些造型,以突出整个房间的装饰风格。目前使用较多的如各种毛坯石板、木材等。另外,采用装饰板将整个墙壁"藏"起来,也是"主题墙"的一种主要装饰手法。

电视背景墙的灯光布置,多以主要饰面的局部照明来处理,还应与该区域的顶面灯光协调考虑,灯壳尤其是灯泡都应尽量隐蔽为妥。背景墙的灯光不像餐厅需要明亮的光照,照度要求不高,且光线应避免直射电视、音响和人的脸部。收看电视时,有柔和的反射光作为基本的照明就可以了。

2)简洁明了

客厅的墙面对整个室内的装饰起衬托作用,所以装饰不能过多过滥,应以简洁为好。突出重点墙面后,其他墙面可以简洁处理为主。

3.顶棚

客厅天花具有划分空间功能、丰富空间层次的作用。设计时要充分考虑不同的户型和房间高度。如果高度有限,一般不宜采用大面积吊顶,否则会影响室内的采光和通风,并给人以压抑感,但可以考虑小面积的局部吊顶,以丰富空间层次和烘托室内气氛。如果层高较高,特别是开放型的大空间,则可以根据室内风格和装饰的需要,采用不同形式的吊顶。

1)四周局部吊顶形式

采用木材夹板成型,设计成各种形状,再配以射灯和筒灯,在不吊顶的中间部分配上较新颖的吸顶灯,会使人觉得房间空间增高了,尤其是面积较大的客厅,效果会更好。

2)两个层次吊顶形式

此种方法,四周吊顶造型较讲究,中间用木龙骨做骨架,而面板采用不透明的磨砂玻璃;玻璃上可用不同颜料喷涂上中国古画图案或几何图案,这样既有现代气息,又给人以古色古香的感觉。

3)多层次吊顶形式

如果房屋空间较高,则吊顶形式选择的余地比较大,如石膏吸音板吊顶、玻璃纤维棉板吊顶、夹板造型吊顶等,这些吊顶既美观,又有减少噪声等功能。

五、客厅的照明设计

客厅是最具有开放性和功能多样性的空间,家人团聚、亲友来访、日常休憩都在此进行。客厅照明理想的设计是:灯饰的数量与亮度都有可调性,使家庭风格充分展现出来。一般以一盏大方明亮的吊灯或吸顶灯作为主灯,搭配其他多种辅助灯饰,如壁灯、筒灯、射灯等,如图

1–3–14 所示。

图 1-3-14　客厅主光与辅光相结合

就主灯饰而言,如果客厅层高超过 3.5 m,可选用档次高、规格尺寸稍大一点的吊灯或吸顶灯;若层高在 3 m 左右,宜用中档豪华型吊灯;层高在 2.5 m 以下的,宜用中档装饰性吸顶灯或不用主灯。

另外,将独立的台灯或落地灯放在沙发的一端,让灯光散射于整个起坐区,用于交谈或浏览书报。也可在墙壁适当位置安放造型别致的壁灯,能使壁上生辉。若有壁画、陈列柜等,可设置隐形射灯加以点缀。在电视机旁放一盏微型低照度白炽灯,可减弱厅内明暗反差,有利于保护视力。

客厅中的灯具,其造型、色彩都应与客厅整体布局一致,灯饰的布光要明快,气氛要浓厚,给客人"宾至如归"的感觉。

实训提纲

1. 目的要求

通过实训,可以使学生对智慧客厅的设计方法、设计步骤有所理解和掌握。智慧客厅的装饰为整个居室空间内部的装饰风格奠定了基调,所以客厅的设计是居室空间设计的重点。

2. 实训项目支撑条件

此环节的实训项目可以结合洽谈技巧的相关训练进行,通过设计师与客户沟通的过程,了解客户的喜好、对空间的使用要求,从而进行原始资料的收集。这也为设计过程中最初的设计风格的确定,以及深入设计中具体空间的设计安排奠定了基础。

3. 实训任务书

(1)完成智慧客厅设计方案。

（2）作业要求：

①客户的背景资料与要求分析。

②智慧客厅设计风格符合业主的要求，特点鲜明。

③智慧客厅空间内部功能分区合理。

④视觉中心效果突出。

⑤室内空间色彩搭配合理，照明设计科学，界面装饰材料运用得当。

（3）作业成果：

①客户的背景资料与要求分析报告一份。

②智慧客厅的设计说明、平面图、顶棚图、立面图、透视图。

③采用学生自评、小组互评完成表 1-3-2 的填写。

（4）考核方法：根据上交的作业的质量、上课期间教师抽查的结果等，给学生打出优、良、合格、不合格。

任务四　智慧餐厅设计

教学目标

教学目标如表 1-4-1 所示。

表 1-4-1　教学目标

学习任务	智慧餐厅设计
建议学时	2 学时
本节学习目标	1. 了解智能家居功能空间用途； 2. 掌握智能家居功能空间设计原则； 3. 掌握智慧餐厅设计方法
本节任务	学习知识链接内容，了解智能家居功能空间用途，掌握智慧餐厅设计原则、方法
设计技巧	从智慧餐厅的功能、风格、材质、形式、光效等入手

设计内容

设计内容如图 1-4-1 和图 1-4-2 所示。

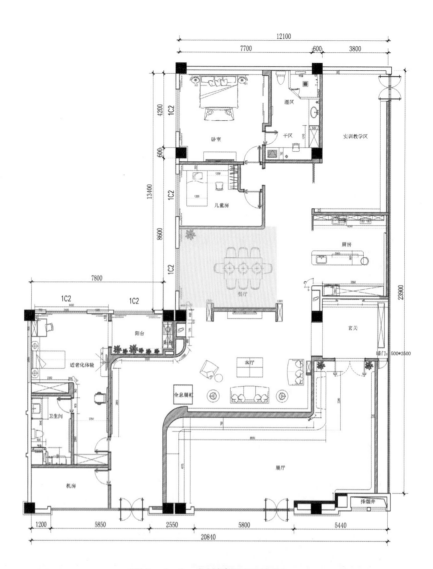

图 1-4-1 智慧餐厅平面图

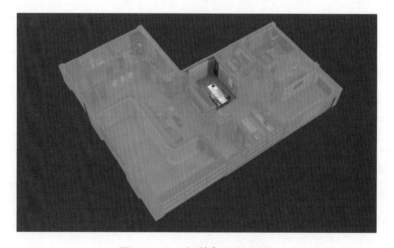

图 1-4-2 智慧餐厅轴测图

　　智慧餐厅是家庭中的一处重要的生活空间,舒适的就餐环境不仅能够增强食欲,更使得疲惫的心在这里得以彻底松弛和释放。在有限的居住建筑空间中,设计营造一个适合自我又比较开放的小巧实用、功能完善的智慧餐厅很重要。智慧餐厅的餐桌桌面就是一块功能丰富的智慧屏,主人可以通过互联网技术,随心情、随食欲来选择自己想要的套餐组合,增加用餐的趣味性,如图 1-4-3 至图 1-4-5 所示。

艺术挂画

图 1-4-3　智慧餐厅

图 1-4-4　智慧餐厅

图 1-4-5　智慧餐厅

知识链接

（1）智汇云全屋智能，为你定制未来美好生活。

https://baijiahao.baidu.com/s?id=1722168555308542230&wfr=spider&for=pc。

（2）新体验！出餐快、无接触，"机器人大厨"烹饪多种美食。

https://new.qq.com/rain/a/20220127V061D600。

任务实施

（1）统领：主案设计师小杨通过甲方提出的功能空间描述，了解到本案涉及的所有功能空间均采用智能、智慧化设计，并满足教学需求，团队对智能家居设计效果充满了期待，开始搜集智能家居设计相关资料展开设计。

（2）碰撞：4～6人一组，分析讨论后，组内推荐一人，扮演主案设计师小杨，进行角色表演，表演时长2～3分钟。

（3）落实：经团队分析研讨后，从搜集得到的大量的关于智慧餐厅的资料中筛选，最终完成如图1-4-1所示的智慧餐厅平面图、图1-4-2所示的智慧餐厅轴测图、图1-4-3至图1-4-5所示的效果图。

任务评价

任务评价如表1-4-2所示。

表 1-4-2　任务评价

评估细则	分值	学生自评	小组互评	教师考核
活动组织有序，组员参与度高	10			
对智能家居的感受充分	50			

续表

评估细则	分值	学生自评	小组互评	教师考核
逻辑清晰，分析合理	15			
叙述条理性强，表达清晰	15			
表演感染力强	10			
总分	100			
各项总平均分				

拓展与提高

　　智慧餐厅是家庭团聚最多、最好的地方，一天三餐都要在此进行。智慧餐厅的设计要便捷、卫生、舒适、合理，更重要的是要通过设计营造舒适高雅的空间氛围。

一、智慧餐厅设计的相关尺度

　　智慧餐厅设计的相关尺度如图 1-4-6 至图 1-4-8 所示。

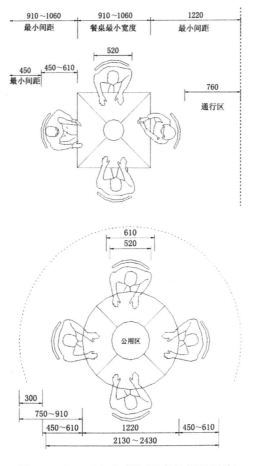

图 1-4-6　四人方桌和圆桌的相关尺度

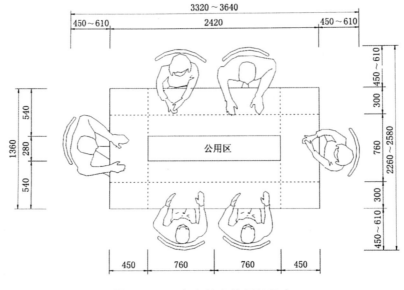

图 1-4-7　六人长桌的相关尺度

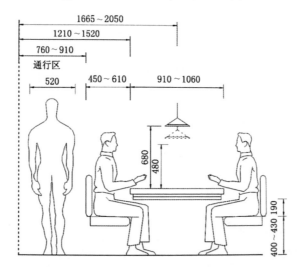

图 1-4-8　餐桌立面的相关尺度

二、智慧餐厅的类型

智慧餐厅决定功能布局的主要因素就是空间面积,它决定餐桌椅的大小和布置形式。智慧餐厅内的功能家具主要包括餐桌、餐椅、餐边柜或酒水柜。智慧餐厅的布置方式主要有三种。

1. 厨房兼智慧餐厅型

这种类型的智慧餐厅一种情况是人口较少,而且家人经常不在家吃饭,能够很便捷地就餐。这时对智慧餐厅环境要求不高,在厨房就可完成,一个小吧台或单人餐桌、两椅即可。同时可结合酒水柜进行设计。如果厨房较小,餐桌也可设置成折叠抽拉等形式。

另外一种情况是厨房为开敞式的厨房,智慧餐厅和厨房合二为一。这种形式空间氛围很好,而且比较敞亮,智慧餐厅、厨房格调统一,智慧餐厅与厨房之间有时无任何遮挡,有时会用家庭酒吧进行象征性的分隔。

2. 客厅兼智慧餐厅型

这种形式是目前居住建筑空间当中常见的形式,它的风格和色彩的搭配一般都是随着客厅的格调。有时为了避免一览无余,在智慧餐厅与客厅之间用各种通透隔断相隔,或利用顶棚或地面进行象征性的分隔。

3. 独立型智慧餐厅

这种形式的智慧餐厅有非常独立明确的空间,在设计过程中可以有其独特的格调和氛围,大的居住建筑比较常见。

总之,智慧餐厅的布置不仅要考虑客户的家庭成员品位要求,还要考虑空间的优势。餐厅的布置必须为人们在室内的活动留出合理的空间,要依据空间的平面特点,结合智慧餐厅家具的形状合理进行。

三、智慧餐厅的风格

智慧餐厅的风格一般受餐桌椅的影响最大,所以设计前期,就应对餐桌餐椅的风格进行定位,其中最容易冲突的是色彩、天花造型和墙面装饰品。一般来说,它们的风格对应是这样的:

(1)玻璃餐桌对应现代风格、简约风格(见图 1-4-9)。

(2)深色木餐桌对应中式风格、简约风格。

(3)浅色木餐桌对应自然风格、北欧风格。

(4)金属雕花餐桌对应传统欧式(西欧)风格。

(5)简洁金属餐桌或色彩艳丽的餐桌对应现代风格、简约风格、金属主义风格。

图 1-4-9　玻璃餐桌体现现代智慧餐厅风格

四、智慧餐厅的色彩配搭

智慧餐厅的色彩配搭一般都是随着客厅的,因为目前国内多数的建筑设计,餐厅和客厅是相通的,这主要是从空间感的角度来考量的。对于智慧餐厅单置的构造,色彩的使用上,宜采用暖色系,因为从色彩心理学上来讲,暖色有利于促进食欲,这也是很多智慧餐厅采用黄、红系统的原因。

五、智慧餐厅的灯光照明

灯光是营造气氛的主角,日光灯色温高,光照之下,偏色,人的脸看上去显得苍白、发青,饭菜的色彩也会发生改变。在照明设计时可以采用混合光源,即低色温灯和高色温灯结合起来用,混合照明的效果相当接近日光,而且光源不单调。

在智慧餐厅的灯光照明设计当中,灯具的造型要与智慧餐厅的整体风格保持一致,但不能只强调灯具的形式,一定程度上要注意智慧餐厅的照明方式。餐厅的照明方式一般为局部照明,主要是餐台上方的局部照明,宜选择下罩式的、多头型的、组合型的灯具,达到智慧餐厅氛围所需的明亮、柔和、自然的要求,如图 1-4-10 所示。一般不适合采用朝上照的灯具,因为这与就餐时的视觉不够吻合。

图 1-4-10 智慧餐厅的局部照明

智慧餐厅的灯光除了局部照明之外,还要有相关的辅助灯光,起到烘托就餐环境的作用。设置辅助灯光常用的形式有:在智慧餐厅家具(玻璃柜等)内设置照明;艺术品、装饰品的局部照明等。需要知道,辅助灯光主要不是为了照明,而是为了以光影效果烘托环境,因此,照度比餐台上的灯光要低,在突出主要光源的前提下,光影的安排要做到有次序、不紊乱。

六、餐桌椅选购常识

(1)选购餐桌椅首先要看质量。好的质量体现在设计符合人体工程学原理,坐在餐椅上感觉舒适,胳膊可以自然地摆放在桌面上。

(2)要看桌椅的牢固性,特别是餐椅因使用频繁,选购时要注意椅子的用材和拼接方式,一般来说传统的榫卯结构较为牢固,再就是使用榆木、榉木等木材的餐椅较为牢固。除试坐感觉椅子是否摇晃不稳外,还可通过观察椅腿有无疤节和裂痕修补的痕迹来加以判断。餐椅椅腿及支撑部位不能用有疤节和裂痕的材料,否则会严重影响使用寿命。

(3)仔细检查桌面。如果已经定好买哪款了,就要仔细地观察桌子表面。注意观察钢制部位的表面饰面是否光滑平整,有无涂层或镀层脱落、锈迹;木制部件漆膜色泽是否相似,表面是否平整光滑,有无划痕等缺陷。

(4)桌面的玻璃台面厚度。如果购买的是玻璃台面的桌子,玻璃的厚度一般应大于等于12 mm,台面最好是钢化玻璃,比较安全。另外,要注意台面的端边、磨边要平直、光滑,玻璃无划痕、缺角等。

(5)最好购买具有延伸功能的餐桌。为了适应用餐人数的增减,餐桌最好能有伸缩功能。如在餐桌内部有滑轨,左右两方的桌片能够相互拉开,中空的部分可装一至两片延伸桌面,以达到增大餐桌尺寸的效果。这样即使来的亲戚朋友多些,我们也不需要为没有地方用餐而发愁了,而且平时把延伸的部分收起来,也不占用空间。

(6)餐桌与餐椅应相互搭配。餐桌与餐椅可以说是相辅相成的,所以为了视觉上的美观,最好选择同套系设计的餐桌椅。

(7)餐桌的角最好为圆角,防止夜里喝水或小孩不小心碰到尖角而受伤。

知识拓展

(1)餐桌高:750~790 mm。

(2)餐椅高:450~500 mm。

(3)圆桌直径:二人500 mm,三人800 mm,四人900 mm,五人1100 mm,六人1100~1250 mm,八人1300 mm,十人1500 mm,十二人1800 mm。

(4)方桌尺寸:二人700×850,四人1350×850,八人2250×850。

(5)餐桌转盘直径:700~800 mm。

实训提纲

1. 目的要求

通过实训,可以使学生对智慧餐厅的设计方法、设计步骤、设计内容、设计表达有所理解和掌握,而且可以根据某一主题进行设计创作。

2. 实训项目支撑条件

智慧餐厅的设计训练可以结合洽谈技巧的相关训练进行,通过设计师与客户沟通的过程,了解客户对智慧餐厅的喜好和对空间的使用要求,从而进行原始资料的收集与分析。另外,现场测量时收集的智慧餐厅的原始结构情况,也为智慧餐厅的设计打下基础。

3.实训任务书

（1）完成智慧餐厅设计方案。

（2）作业要求：

①智慧餐厅相关的背景资料与要求分析。

②设计风格符合业主的要求，特点鲜明。

③智慧餐厅空间内部功能分区合理。

④室内空间色彩搭配合理，照明设计科学，界面装饰材料运用得当。

（3）作业成果：

①智慧餐厅的背景资料与要求分析报告一份。

②智慧餐厅的设计说明、平面图、顶棚图、开关插座图、立面图、透视图。

③采用学生自评、小组互评完成表 1-4-2 的填写。

（4）考核方法：根据上交的作业的质量、上课期间教师抽查的结果等，给学生打出优、良、合格、不合格。

任务五　智慧厨房设计

教学目标

教学目标如表 1-5-1 所示。

表 1-5-1　教学目标

学习任务	智慧厨房设计
建议学时	2 学时
本节学习目标	1. 了解智能家居功能空间用途； 2. 掌握智能家居功能空间设计原则； 3. 掌握智慧厨房设计方法
本节任务	学习知识链接内容，了解智能家居功能空间用途，掌握智慧厨房设计原则、方法
设计技巧	从智慧厨房的功能、风格、材质、形式、光效等入手

设计内容

设计内容如图 1-5-1 和图 1-5-2 所示。

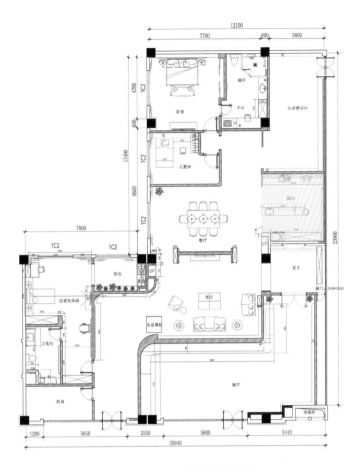

图 1-5-1 智慧厨房平面图

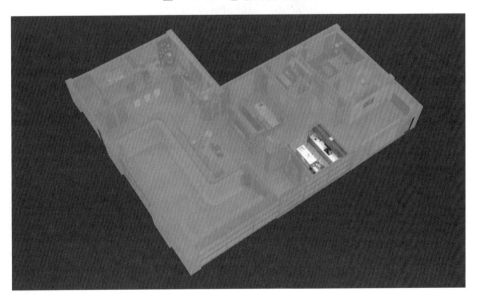

图 1-5-2 智慧厨房轴测图

　　智慧厨房能够识别出进入厨房的人,在厨房中的显示屏上显示主人所需要的任何信息,并与家庭出行计划同步,让家里的每个成员看到他们今天需要做的事情,比如学校的校车时刻表、早上开会时间、与某人约会时间,以及做一顿健康午餐的建议。此外,它还能显示本地温度,厨房中的智能炉子能够"感知"放在它上面的物体,比如当你将一杯咖啡放在它上面时,它能够将其加热到最佳温度。显示屏还能与婴儿监测器相连接,这样父母一边在厨房做饭,一边还能够通过显示屏来"看护"孩子。厨房的操作台可以根据家庭人员身高自由调节高低,以满足不同人员需求,关怀着每一位配餐者,给予最贴心的操作体验,如图 1-5-3 至图 1-5-5 所示。

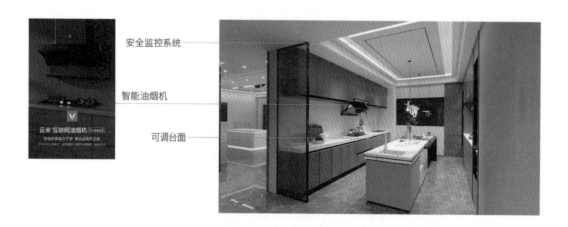

图 1-5-3　智慧厨房

图 1-5-4　智慧厨房

使用厨房时，操作台面可根据使用人的高度体重特征进行智能化伸缩、升降、变化，空间可组合变化，台面可以实时根据个人需求进行调节，打造更加便捷、安全、舒适的使用体验。

就餐模式

餐厅窗帘打开，餐厅主灯打开，智能油烟机打开，背景音乐响起，配置各种智能厨具，实现膳食指导、营养搭配、智能菜谱推荐等功能。安全监控系统实时工作，自动检测厨房是否漏水、漏气，一旦发生警报，声光报警器进行报警，并联动机械阀关闭。餐桌椅根据人体工学，自动调节高度、倾斜度，创造舒适就餐环境。

系统组成（餐厅）：燃气检测器＋水浸探测器＋智能门窗＋智能温控系统＋智能灯光系统＋红外人体探测器

系统组成（厨房）：燃气检测器＋水浸探测器＋智能门窗＋智能温控系统＋智能灯光系统＋电动窗帘系统

图 1-5-5　智慧厨房

知识链接

（1）智汇云全屋智能，为你定制未来美好生活。

https://baijiahao.baidu.com/s?id=1722168555308542230&wfr=spider&for=pc。

（2）智能厨房——舒适的家。

https://www.ixigua.com/6959467052293685763?wid_try=1。

任务实施

（1）统领：主案设计师小杨通过甲方提出的功能空间描述，了解到本案涉及的所有功能空间均采用智能、智慧化设计，并满足教学需求，团队对智能家居设计效果充满了期待，开始搜集智能家居设计相关资料展开设计。

（2）碰撞：4～6人一组，分析讨论后，组内推荐一人，扮演主案设计师小杨，进行角色表演，表演时长 2～3 分钟。

（3）落实：经团队分析研讨后，从搜集得到的大量的关于智慧厨房的资料中筛选，最终完成如图 1-5-1 所示的智慧厨房平面图、图 1-5-2 所示的智慧厨房轴测图、图 1-5-3 至图 1-5-5 所示的效果图。

任务评价

任务评价如表 1-5-2 所示。

表 1-5-2   任务评价

评估细则	分值	学生自评	小组互评	教师考核
活动组织有序，组员参与度高	10			
对智能家居的感受充分	50			
逻辑清晰，分析合理	15			
叙述条理性强，表达清晰	15			
表演感染力强	10			
总分	100			
各项总平均分				

拓展与提高

一、厨房的形式

厨房从空间形式上分为封闭式和开敞式两种形式。

1. 封闭式

封闭式厨房(见图 1-5-6)的优点是可以隔离油烟与噪声,但阻碍了交流。这种形式目前是运用得比较多的,因为根据中国人的饮食习惯,厨房油烟比较多。这种形式的不足可以运用透明的推拉移门来弥补。

图 1-5-6   封闭式厨房

2. 开敞式

开敞式厨房(见图 1-5-7)的优点是可以一边在厨房工作,一边和家人交流,它还能丰富空间的类型。这种形式的厨房使用频率在逐年增加,看起来既气派又时尚,但实际上并不是所有的家庭、所有住宅都适合装修开敞式厨房,只有在以无烟式烹饪为主的情况下,可以采用开敞式厨房设计。开敞式厨房常与家庭吧台和餐厅相结合设计。

图 1-5-7　开敞式厨房

二、厨房设计的原则

1. 空间决定形式原则

从最近几年开发的居住建筑空间来看,厨房面积有很大的改观,但空间形式各异,那么在设计厨房时第一原则就是依据空间大小和形式来决定厨房平面布置形式。厨房的平面布置形式一般有以下几种。

1)一字型

一字型厨房(见图 1-5-8)便于操作,设备可按操作顺序布置,可以减小开间,一般净宽不小于 1400 mm。这种形式在厨房设备数量较少、尺寸较小时使用。如果厨房的面积过于狭小,适合选用此布置形式。一字型节省空间,但长度需在 2100 mm 以上,如果动线过长又会影响工作效率。

图 1-5-8　一字型厨房平面布置

2)过道型

过道型厨房(见图 1-5-9)工作区沿两对面墙进行布置,操作区可以作为进出的通道。

这种布置形式不太便于操作,占用的开间较宽,所以采用这种形式布置的厨房净宽应不小于 1700 mm。一般在厨房空间一边长度不够时配置成过道的形式,两列中间一般间隔 900 ~ 1500 mm 为宜,动线短,可以节约一定的交通空间。

3)L 型

L 型厨房(见图 1-5-10)将清洗、配膳与烹调三大工作中心,依次配置于相互连接的 L 型墙壁空间。最好不要将 L 型的一面设计过长,以免降低工作效率,这种空间运用比较普遍、经济。当厨房空间一边长度不够,或另一边太长时,为了在一定程度上弥补动线过长的不足,可以采用 L 型空间布置形式。目前这种形式很常见。

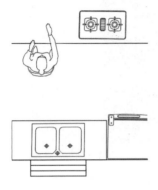

图 1-5-9　过道型厨房平面布置

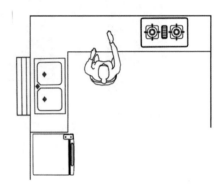

图 1-5-10　L 型厨房平面布置

4)U 型

U 型厨房(见图 1-5-11)共有两处转角,空间要求较大。水槽最好放在 U 型底部,并将准备区和烹饪区分设两旁,使水槽、冰箱和炊具连成一个正三角形。U 型之间的距离以 1200 mm 至 1500 mm 为准,使三角形总长在有效范围内。这种布置方式可增加更多的收藏空间。U 型厨房一般在空间面积较宽敞时采用,可以同时容纳两人进行工作,而不互相干扰。

5)中心岛型

中心岛型厨房(见图 1-5-12)是在中间布置三部分设施,这需要有较大的空间、较大的面积。也可以结合其他布局方式在中间设置餐桌且兼有烤炉或烤箱的布局,将烹调和备餐中心设计在一个独立的台案之上,从四面都可以进行操作或进餐,是一种实用新颖的方案。岛型厨房一般在空间较开敞,而且采用开敞式的厨房布置形式时采用,调理台可以布置在中央或一侧,早餐可以在厨房解决。这种形式较容易创造融洽的气氛。

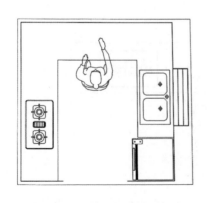

图 1-5-11　U 型厨房平面布置

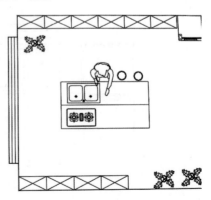

图 1-5-12　中心岛型厨房平面布置

2. 符合人体工程学原则

在厨房空间设计当中要遵循人体工程学原理,因为如果空间尺寸不合理或不符合人在此空间中的行为模式,使用者在使用的过程中就会腰酸背疼,降低使用的效率,那么此空间设计无论投入多少资金都将是失败的结果。

1) 相关尺寸

厨房相关尺寸如图 1-5-13 至图 1-5-16 所示。

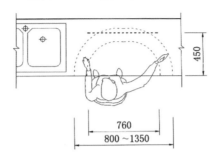

图 1-5-13　操作台平面相关尺度

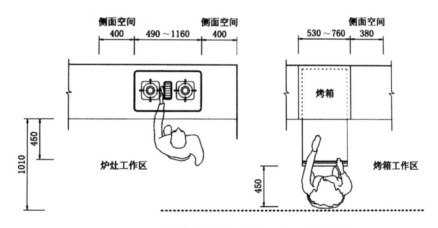

图 1-5-14　炉灶和烤箱工作平面布置相关尺度

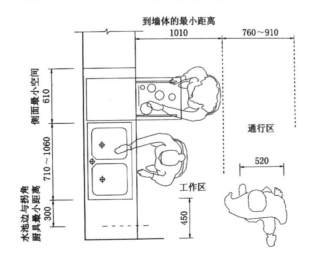

图 1-5-15　水池平面相关尺度

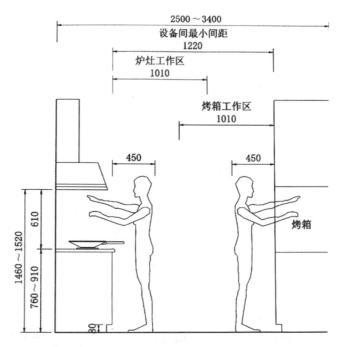

图 1-5-16　立面相关尺度

2）人在厨房空间中的行为模式

厨房依据其使用功能大致可分为贮存区、准备区和烹饪区，一个良好的烹饪空间，应包括上述三个重要区域，且每个区域都应有自己的一套设施。合理安排它们之间的位置，设计最佳工作流程，也就是在此空间中的行为模式，成为厨房功能分区的关键。

按照人在此空间中烹饪的行为模式，我们准备食物的顺序一般是先从冰箱里取出食材，接着清洗料理，再烹调蒸煮，最后将美味装盘，这些动作是连贯进行的（见图 1-5-17）。一般我们将食物取出（冰箱）、食物的洗涤料理（水槽和调理台）、食物的烹煮（炉具）这三个工作点形成厨房的三角动线。这个三角动线的三边之和应不超过 6.7 m，并以 4.5 ~ 6.7 m 为宜。大多数研究表明，洗涤槽和炉灶间来回最频繁，因此，建议将此距离缩到最短。

图 1-5-17　人在厨房空间中的行为模式示意图

这条走动路线的合理距离与顺畅，很大程度上反映了厨房使用的方便和舒适。三个工作点之间要保持动线短、不重复、作业性能好的合理间距。过远则工作动线长，费时费力，增加不必要的往返距离；过近又会互相干扰，造成工作的不便。

除了厨房的中心工作动线之外，我们还要注意厨房的交通动线设计。交通动线应避开工作三角形，以免家人的进进出出使工作者的作业动线受干扰。

3. 遵循原始管道的位置

一些相关的管道的位置，一定程度上决定相应设施的位置设置。方案设计过程当中，需明确并尽量遵循原始管道的位置，这可以减少很多隐患，因为这些管道都属于隐蔽工程，一旦出现问题会很麻烦。

1）上下水管道

厨房空间中会涉及上下水、冷热水的管道，在我们的方案设计当中，不仅要考虑人在此空间中的行为模式、尺度问题，还要考虑到相关的管道原始位置的问题，明确之后，确定水池等功能设施的相关位置。一般情况下不宜大幅度移动原始管道的位置，特殊情况可以小距离移动。

2）燃气管道

燃气管道的位置对燃气灶的位置有一定的影响。现在居住建筑空间中一般由燃气公司统一安排组装，在我们的设计过程中一定不能为了美观随便移动和封闭燃气管道。如果一定需移动，要和燃气公司协商解决，由燃气公司来做处理。

3）排烟道

现在开发的居住建筑的排烟道一般在建筑设计时已定位，特别是小高层的居住建筑空间，都有专用的排烟道，位置较固定。档次低一点的或者老房改造的烟道会直接排到室外，位置相应灵活。在设计过程中，油烟机的位置应尽量接近排烟道（一般不超过 2000 mm），如果距离过远，就会减弱油烟机的排烟功能。

4. 采光通风原则

厨房的采光主要是避免阳光的直射，防止室内贮藏的粮食、干货、调味品因受光热而变质；同时需注意要有良好的通风效果。

三、厨房的照明设计

厨房照明对亮度要求很高，而且由于人们在厨房中度过的时间较长，所以灯光应惬意而有吸引力，这样能提高制作食物的热情。选用的灯具以防水、防油烟和易清洁为原则，一般在操作台的上方设置嵌入式或半嵌入式散光型吸顶灯，嵌入口罩以透明玻璃或透明塑料，这样顶棚简洁，减少灰尘、油污带来的麻烦。灶台上方一般设置抽油烟机，机罩内有隐形小白炽灯，供灶台照明，如图 1-5-18 所示。

图 1-5-18　厨房的照明设计

1. 整体照明

我国规范规定厨房的整体照度应为 50～100 lx。灯具一般设在顶棚或墙壁高处，灯具的造型应采用外形简洁、不易沾染油污的吸顶灯或嵌入式筒灯,而不宜使用易积油垢的伞罩灯具。另外,还可将顶棚的照明移至主要的操作区上方,兼作局部照明。

厨房整体照明的光源宜采用白炽灯等暖光源,其发出的暖色光线能正确反映食物的颜色。

2. 局部照明

局部照明主要设在洗涤盆、灶台、操作台等部位,灶台处的灯光可与吸油烟机结合考虑,一般连机设置,但洗涤和备餐的照明往往被忽视。由于操作者背对顶部光源,自身的阴影常挡住操作区,造成使用的不便,因此有必要在水池及操作台的上方加设局部照明。照明灯具通常安装在吊柜下方,应做到光源隐蔽以避免眩光,照度为 200 ~ 500 lx。

另外,厨房局部照明光源宜采用荧光灯等冷光源,其发光效率高而散发的热量少,可避免因近距离操作而产生的灼热感。

四、厨房的界面设计

厨房最令人烦恼的问题是油烟,而厨房的天花板、墙面、地面又是最容易沾上油烟的部分,因此,在材料选择上就要格外注意,如图 1-5-19 所示。

图 1-5-19　选用防油烟、易处理的材料

1. 地面

地面是使用率最高的地方,因此,厨房地面必须具有耐磨、耐热、耐撞击、耐清洗等特点,并注意防滑。防滑瓷砖或地面彩釉砖是常用的地面材料。

2. 墙面

厨房的墙壁装饰材料应具防火、防水功能,靠近灶台及水池部分应选择性质稳定的瓷砖或质地紧密的砖块材料。

3. 顶棚

顶棚是最容易沾上油烟的地方,而清洗又非常不方便,故天花板的颜色应该耐脏,不宜太明亮,如浅灰色、浅紫色;也不能太阴暗,否则使厨房空间令人感觉沉闷。应选用光滑易清洗的材料,不宜使用质感粗糙、凹凸不平的材料。此外,顶棚还应尽量选择防火材料。

五、厨房家具

家具必须简洁,无论是定做还是购买,式样一定要选择简单的,切忌选择雕刻烦琐的中式家具及藤编、竹编类家具,这是为了防止沾染油污,便于清洁。另外,开放式厨房的台面不应放过多的炊具,以保证其美观性,因此,在设计时要注意最好能设置大的储物空间,将这些"不美观"的物品都装到柜中。

六、厨房设计小常识

(1)现在水槽以双槽为主,与地柜组合,一般安装在 900 mm 宽的工作台面上。

(2)调理台水槽和灶具之间需要保持 800~1000 mm 的距离。

(3)灶台周围的工作台面,每一边都要能经受至少 200 ℃的高温。灶台两边的工作台面至少保持 400 mm 的距离。

近年来,家电产品正在全面步入智能化时代。从智能手机到智能电视,都已经实现了丰富的智能化功能,其中黑电智能化程度最高,白电次之,而厨卫产品智能化刚刚上路。对厨房设备三件套包括抽油烟机、灶具、消毒柜分别嵌入智能模块,并且设计成设备间联动控制,形成一个完整的智能化整体厨房解决方案,如图 1-5-20 所示。

图 1-5-20　智能化整体厨房解决方案

七、智能厨房系统介绍

智能化整体厨房功能展示如图 1-5-21 所示。

(1)将设备状态上传至云平台;

(2)通过 APP 实现智能手机终端对所有厨电设备的实时控制以及监测;

(3)随时随地管理 Web 端,为消费者提供故障报修、故障提醒功能;

(4)通过采集数据,进行数据分析以及报表统计。

图 1-5-21　智能化整体厨房功能展示

八、智能厨房硬件方案

(1)厨房的环境以及传感器数据传递给 Wi-Fi 模块;

(2)通信接口采用 UART 形式实现与 Wi-Fi 模块通信;

(3)设备的多种使用信息能够得到保存并上传到服务器;

(4)由于厨房设备温度以及其他环境数据变化快,传输数据频率高,因此 Wi-Fi 模块采用 SNIOT608 进行对接,以满足数据传输要求。

九、智能厨房功能介绍

(1)对抽油烟机、燃气灶具、消毒柜进行实时监测与控制;

(2)故障提醒与实时收集,第一时间了解设备故障;

(3)菜谱下载,实现一键煮菜、自动温控功能;

(4)实现 Web 管理平台,为二次销售和开发提供了参考。

实训提纲

1. 目的要求

通过实训,可以使学生对智慧厨房的设计方法、设计步骤、设计内容、设计表达有所理解和掌握,而且可以根据某一主题进行设计创作。

2. 实训项目支撑条件

智慧厨房的设计训练可以结合洽谈技巧的相关训练进行,通过设计师与客户沟通的过程,了解客户对智慧厨房的喜好和对空间的使用要求,从而进行原始资料的收集与分析。另外,现场测量时收集的智慧厨房的原始结构情况,也为智慧厨房的设计打下基础。

3. 实训任务书

(1)完成智慧厨房设计方案。

(2)作业要求:

①智慧厨房相关的背景资料与要求分析。

②设计风格符合业主的要求,特点鲜明。

③智慧厨房空间内部功能分区合理。

④室内空间色彩搭配合理,照明设计科学,界面装饰材料运用得当。

(3)作业成果:

①智慧厨房的背景资料与要求分析报告一份。

②智慧厨房的设计说明、平面图、顶棚图、开关插座图、立面图、透视图。

③采用学生自评、小组互评完成表 1-5-2 的填写。

(4)考核方法:根据上交的作业的质量、上课期间教师抽查的结果等,给学生打出优、良、合格、不合格。

任务六　智慧卧室设计

教学目标

教学目标如表 1-6-1 所示。

表 1-6-1　教学目标

学习任务	智慧卧室设计
建议学时	2 学时
本节学习目标	1. 了解智能家居功能空间用途； 2. 掌握智能家居功能空间设计原则； 3. 掌握智慧卧室设计方法
本节任务	学习知识链接内容，了解智能家居功能空间用途，掌握智慧卧室设计原则、方法
设计技巧	从智慧卧室的功能、风格、材质、形式、光效等入手

设计内容

设计内容如图 1-6-1 和图 1-6-2 所示。

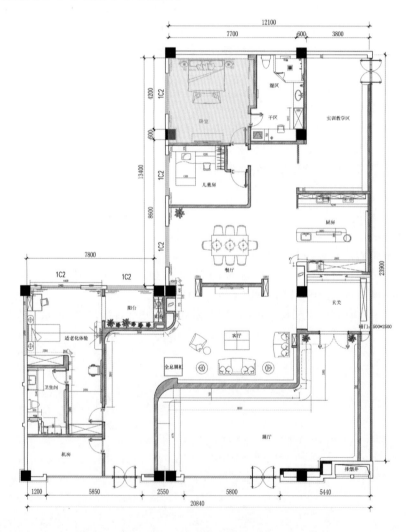

图 1-6-1　智慧卧室平面图

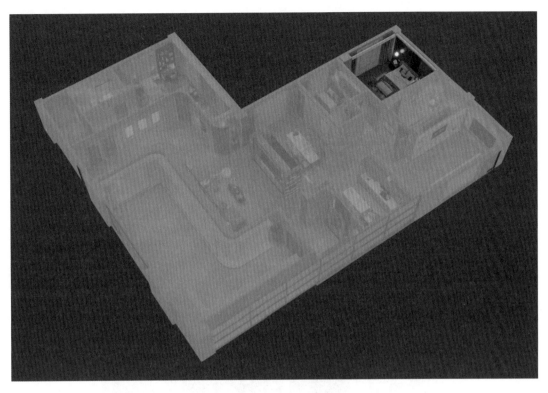

图 1-6-2　智慧卧室轴测图

在居住建筑装饰设计中,卧室是必须具备的房间之一,分为主卧室、次卧室、客卧室和儿童卧室。视房间面积的大小,卧室的功能也可以适当地扩展。卧室要求有安宁、舒适的睡眠环境,还要求有较好的私密性。卧室在空间尺度确定的条件下,可以根据居住者的年龄、性别、职业、民族、爱好和经济情况等进行各项目内容的综合考虑。

相对于传统的床垫而言,智慧床垫可以释放身体的压力,均匀承托睡姿突出部位,贴合人体曲线,让肌肉更放松,怎么睡都舒服。

智能枕头能够缓解打鼾症状,释放头部和颈部压力,并且能监测睡眠状况,绑定 APP 后就能每天收到智能枕头生成的睡眠报告,并得到相应的睡眠调整建议。

睡觉开不开窗一直是很多朋友纠结的问题,仲夏或寒冬季节,不开窗憋得慌,开了窗又太热或太冷。智慧卧室里配智慧空调,能与智能枕头联动,根据智能枕头收集的体温数据来调节室温,确保体感舒适。同时,它可以通过新风功能和多重净化将室外的新鲜空气引入室内,让新鲜空气充满卧室,再也不用想着开窗关窗,也不用担心忽冷忽热了。

还有智慧床头柜,它非常实用,看起来跟普通床头柜无异,但是可以给手机无线充电;内置音响,可以播放音乐;还有感应夜灯,让你起夜也不用怕磕磕碰碰。

很多人为了起床要定十个闹钟,但是起床还是很难。在智慧卧室就简单多了,到了设定的起床时间,智能音响播放舒缓音乐,窗帘拉开,自然而然就醒了,再也不会出现被闹钟"惊醒"的状况。

智慧卧室如图 1-6-3 至图 1-6-6 所示。

教学中，学生可通过选择不同的模式来切实感受各种智能产品在智能家居中的运用。卧室可体验模式包含叫醒模式、阅读模式、睡眠模式。

叫醒模式

清晨主卧叫醒模式启动，背景音乐按时播放主人喜欢的音乐，床间壁灯缓缓打开，床头灯打开。遮光窗帘打开到一半的位置停止。窗户自动打开，请新空气进入卧室。定时场景可以根据个人喜好随时调整，如周末叫醒时间延长至早上8点等等。

阅读模式

临睡之前，照明灯光色温调到温馨舒适的阅读与睡眠模式，有助于舒适阅读与睡眠。背景音乐播放轻柔舒缓的音乐或者白噪音，诱导入睡，有助于安稳睡眠。

睡眠模式

入睡时安全睡眠系统开启，智能系统关闭窗帘窗户，灯光关闭，空调、新风系统实时调节，安全防盗系统进入警戒状态，电视机等电器电源自动断开。智能睡眠系统自动监测，熟睡时，智能枕、香薰机、紧急按钮等设备启动，实时监测睡眠质量、呼吸频率、翻身起身次数等。起夜时，感应灯开启。

系统组成： 情景面板＋起夜灯＋环境监测＋紧急按钮＋智能温控系统＋智能灯光系统＋电动窗帘系统＋红外人体探测器

感应起夜灯

VR试衣镜

电视机

红外智能灯控系统配置智能调光、起夜系统，包括可调色温阅灯、可调色温射灯、RGB灯带、寻址设备、感应起夜灯等设备，实现起夜时，红外人体探测器自动感应人体走动，联动灯光开启，发出昏暗的灯光，提供夜间照明。

电动窗帘轨道
语音声控APP控制 低音开合

智能窗帘

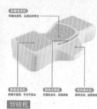
智能枕

图 1-6-3　智慧卧室

智慧空间收纳：
衣柜衣橱融入现代收纳理念，内部结构合理设计，功能多样，打造整洁、规整空间。

衣柜外部高度、深度合理设置，智慧利用房间空间。衣柜内部设施合理，智慧分割长衣区、短衣区、叠放区、置物区，能最大化利用衣柜空间。

图 1-6-4　智慧卧室

图 1-6-5　智慧卧室

图 1-6-6　智慧卧室

知识链接

(1)智汇云全屋智能,为你定制未来美好生活。

https://baijiahao.baidu.com/s?id=1722168555308542230&wfr=spider&for=pc。

(2)卧室的智能家居(AI IoT 打造超级智慧卧室 深度解析黄金睡眠奥妙!!!)。

https://www.ly6s.com/newscenter/hykx/20220530/554819.html。

(3)海尔智慧卧室"1+3+N"睡眠方案来了,助您睡个踏实觉。

http://w.dzwww.com/p/p0YEnhapi5.html。

任务实施

(1)统领:主案设计师小杨通过甲方提出的功能空间描述,了解到本案涉及的所有功能空间均采用智能、智慧化设计,并满足教学需求,团队对智能家居设计效果充满了期待,开始搜集智能家居设计相关资料展开设计。

(2)碰撞:4~6人一组,分析讨论后,组内推荐一人,扮演主案设计师小杨,进行角色表演,表演时长 2~3 分钟。

(3)落实:经团队分析研讨后,从搜集得到的大量的关于智慧卧室的资料中筛选,最终完成如图 1-6-1 所示的智慧卧室平面图、图 1-6-2 所示的智慧卧室轴测图、图 1-6-3 至图 1-6-6 所示的效果图。

任务评价

任务评价如表 1-6-2 所示。

表 1-6-2 任务评价

评估细则	分值	学生自评	小组互评	教师考核
活动组织有序，组员参与度高	10			
对智能家居的感受充分	50			
逻辑清晰，分析合理	15			
叙述条理性强，表达清晰	15			
表演感染力强	10			
总分	100			
各项总平均分				

拓展与提高

一、卧室布置的相关尺度

卧室布置的相关尺度如图 1-6-7 至图 1-6-11 所示。

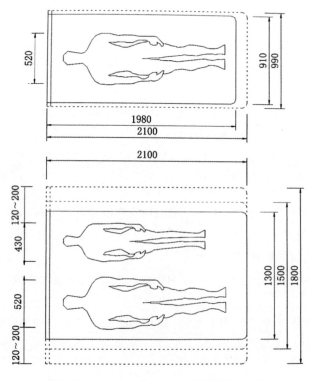

图 1-6-7 单人床、双人床的相关尺度

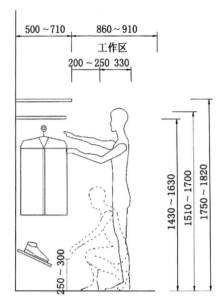

图 1-6-8　衣柜内部的相关尺度

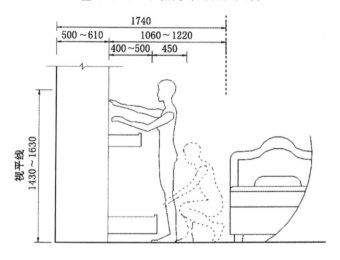

图 1-6-9　床与衣柜之间的相关尺度

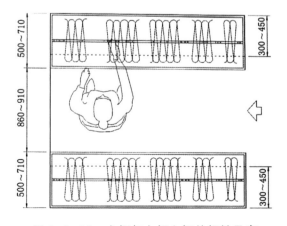

图 1-6-10　衣柜与衣柜之间的相关尺度

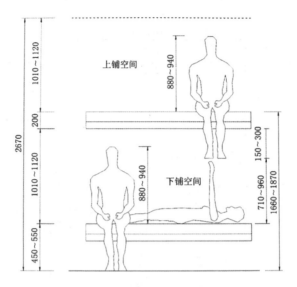

图 1-6-11 双层床之间的相关尺度

二、卧室功能空间的类型

在许多家庭中,卧室也是一个兼容并蓄的多功能空间。因为功能性在卧室设计中是占主导地位的,所以应该合理地计划、使用空间,将卧室开拓为符合客户要求的多功能空间。由于家庭成员构成、年龄、职业等因素的影响,每个家庭的实际需要有所不同。

1. 卧室兼书房型

一般家庭,在不具备书房的情况下,宜将学习、阅读等较为安静的活动安排在卧室中。卧室独有的私密性和宁静气氛,可为读书学习、独立思考提供良好的环境。

2. 卧室兼存储型

有的居住建筑设有 $3 \sim 5 \, m^2$ 的储藏室,以存入杂物、过季的东西,但在老式住宅中,衣服、被褥等杂物的储存还是以卧室为主。因为卧室中的主要家具是床,所以在选择储藏家具时,力求造型简洁、平稳,占地面积尽可能少,多利用上部空间。

3. 卧室兼会客型

这种类型的居住空间,客厅面积一般很小,不具备会客功能,有时会客的功能会安排在卧室里。为了保证睡眠和会客的功能各自独立,可以考虑将空间进行分隔。为了避免出现室内窄小、光线不足的问题,可以采用软隔断分隔。

4. 综合型

在这种类型的卧室空间中,卧室的各种功能都具备,但各功能之间划分不是很独立,相互之间连贯与交融,设计时要注重"弹性化设计"手法的运用,如图 1-6-12 所示。

图 1-6-12　卧室中各功能有时是互相交融与贯通的

三、卧室的功能空间划分

完整的卧室环境应该包括睡眠区、梳妆区、贮物区和学习休闲区,在有限的空间内将各功能区合理划分,不单要考虑业主生活方式,还要考虑家具的大小和在此房间内所进行的活动。

(1)睡眠区:卧室的中心区,处于相对稳定的一侧,以减少视觉、交通的干扰。

构成:床、床头柜。

床的摆放位置对卧室的布局有直接影响,应妥善考虑。一般,从便于上下床,便于整理被褥,便于在室内走动,便于开门开窗,有利于夏季通风、冬季避风等方面来决定床位。

(2)梳妆区:因不同的卧室而各有差异。如果主卧室兼有专用卫生间,则这一区域可纳入卫生间的梳洗区。没有专用卫生间的卧室,则开辟一个梳妆区。

构成:梳妆台、梳妆镜、梳妆椅。

梳妆台一般设在靠近床的墙角处,这样,梳妆镜既可以从暗处反映出梳妆者的面部,又可通过镜面使空间显得宽敞。梳妆台的专用灯具宜装在梳妆镜的两侧,使光线能均匀照在梳妆者的面部。

(3)贮物区:不可缺少的组成部分。

构成:衣柜、斗柜等。

衣柜一般摆放在床头所靠的同侧墙面,通常与床平行摆放,中间间距一米左右,这样既方便使用,又不至于使大面积家具一目了然,给人以空间拥挤之感。

(4)学习休闲区:兼有阅览、书写、观看电视等要求。

构成:书桌、休闲沙发、地柜。

书桌、椅一般不要与床太贴近,以免干扰睡眠。电视柜尽量考虑移到客厅,如果一定要放在卧室,且卧室面积较大,可放在床头对面。

在这四大区域的组织上,一般以睡眠区作为组织核心。首先考虑到满足床的使用要求。床一般靠内墙布置,双人床需三面临空。床是卧室中最大的家具,占地面积大,布置时应适当考虑活动面积和保证私密感,切忌把床放在房间的中间或门口。与床紧密相连的是床头柜。

四、卧室的照明设计

一个好的照明设计,能强化空间的表现力,增强室内的艺术效果,使人产生亲切和舒适的感觉。在现代卧室装饰中,卧室装饰的美有很大一部分是依靠光线来表达的,巧妙地运用灯光可以获得各种各样不同的艺术效果,如增加层次、营造气氛等。

在运用灯光进行装饰时,最为重要的步骤,就是照明方式的确定。一般来说,照明方式可以分为整体照明、局部照明和综合照明;也可以分为直接照明、半直接照明、漫射照明、半间接照明、间接照明和混合照明。

(1)整体照明。

这是常用的照明方式,适于活动人数较多的场合,光线向四面八方照射,布光均匀,空间明亮宽敞,但光线单调,光影效果不明显,工作亮度不足。

(2)局部照明。

局部照明有时也叫方向性照明,即为特定的工作区域提供集中的光线,如台灯、工作灯、射灯等。

(3)综合照明。

整体照明与局部照明相结合,形成综合照明,弥补二者的不足。综合照明是现代室内照明方式中使用最多的一种。

(4)直接照明。

90%以上的光线直接照射于物体为直接照明,特点是照明光量大,光影对比强烈、明快、爽朗,但易产生眩光和阴影,不适合与视线直接接触,吸顶灯属于这种照明方式。

(5)间接照明。

90%以上的直接光线先射到墙面或顶棚,再反射到被照物体上为间接照明,它的光照柔和而富有节奏感,营造出和谐安定的气氛。

(6)漫射照明。

40%~60%的光线直接照射在被照物体上,其余的光线经反射再投射在被照物体上的照明方式。这种照明的光亮度要差些,但光质较为柔和,通常采用毛玻璃或乳白塑胶做灯罩,光线均匀柔和,光影极少,显得幽静。

(7)半直接照明。

60%~90%的光线直接照射在被照物体上,另有10%~40%的光线经过反射再投射到被照物体上的照明方式。半直接照明常常通过灯具外半透明材料或反射板加以反射。它的照明特点是光量较大,但不刺眼。

(8)半间接照明。

60%~90%的直接光线照射到墙面和顶棚上,只有少量光线直射物体。

总之,巧妙地运用上述照明方式,可以在室内创造出不同的装饰效果。卧室不需要较强的照度,可以选用漫射照明或半间接照明,再加上局部照明,这样就达到了突出主体、拉开层次、吸引视线的目的。比如:卧室光线要求柔和,不应有刺眼光,以使人更容易进入睡眠状态;而穿衣化妆,则需要均匀明亮的光线。可选择光线不强的吸顶灯为基本照明,安置在天棚中间,墙上和梳妆镜旁可装壁灯,床头配床头灯,除了常见的台灯之外,底座固定在床靠板上、可调灯头角度的现代金属灯,美观又实用,如图1-6-13所示。

图 1-6-13　卧室柔和温馨的灯光配置

在卧室照明中,还有一个值得考虑的灯光设置,就是"路灯"。它们通常会安装在床头柜下,床脚位置,方便半夜起床而不影响到家人的睡眠。

五、卧室的界面设计

1. 地面

卧室地面应具有保暖性,使人感觉温暖舒适。色彩一般采用中性色或暖色调,材料可选用实木地板、复合木地板、地毯、塑料板材等。若卧室里带有卫生间,则要考虑到地毯和木质地板怕潮湿的特性,因而卧室的地面应略高于卫生间,或者在卧室与卫生间之间设过门石,以防潮气。大理石、花岗石、地砖等较为冷硬的材料都不太适合卧室使用。

2. 墙面

可设计背景墙,以床头墙面为背景,根据个人喜好,结合卧室的功能,利用点、线、面等要素,来设计墙面的造型与装饰。还可利用不同的材质,令背景墙富有层次感。常用材料有乳胶漆、墙纸、墙布、竹木板材、皮革、丝绒、锦缎等。

3. 顶棚

吊顶不宜过厚。为增强装饰效果,可在沿墙周围做一环形吊顶或局部吊顶,里面装暗灯,渲染卧室温馨气氛。常用材料有石膏板、乳胶漆。

4. 窗帘

应选择遮光性、防热性、保温性以及隔音性较好的半透明的窗纱或双重花边的窗帘。

居住建筑空间结构不尽相同,如果出现房间过高、过低或面积过大、过小的情况,我们可以通过一些手段改变人们对原有空间的感受。

①房间过高。

可以考虑做整体吊顶来达到空间尺度的和谐,也可以多使用横线条的内容装饰墙面,使空间具有延伸的感觉,创造一种视野开阔的气氛。

②房间过低。

可多使用垂直线条的内容装饰墙面,这样,视觉关系上会感觉顶棚高度增加,达到令人满意的效果。

③房间面积过小。

可以使用一些多功能的组合家具,或最大限度地利用墙壁,也可以做大面积的镜面,这样可以在感觉上扩充空间。

实训提纲

1. 目的要求

通过实训,可以使学生对卧室的设计方法、设计步骤、设计内容有所理解和掌握。卧室的装饰在一定程度上也是客户重点考虑的内容。

2. 实训项目支撑条件

此环节的实训项目可以结合洽谈技巧的相关训练进行,通过设计师与客户沟通的过程,了解客户的喜好、对空间的使用要求,从而进行原始资料的收集与分析。另外,现场测量时收集的卧室的原始结构情况,也为卧室的设计打下基础。

3. 实训任务书

(1) 完成卧室设计方案。

(2) 作业要求:

①客户的背景资料与要求分析。

②卧室设计风格符合业主的要求,特点鲜明。

③卧室空间内部功能分区合理。

④视觉中心效果突出。

⑤室内空间色彩搭配合理,照明设计科学,界面装饰材料运用得当。

(3) 作业成果:

①客户的背景资料与要求分析报告一份。

②卧室的设计说明、平面图、顶棚图、立面图、透视图。

③采用学生自评、小组互评完成表 1-6-2 的填写。

(4) 考核方法:根据上交的作业的质量、上课期间教师抽查的结果等,给学生打出优、良、合格、不合格。

任务七　智慧卫浴设计

教学目标如表 1-7-1 所示。

表 1-7-1　教学目标

学习任务	智慧卫浴设计
建议学时	2 学时
本节学习目标	1. 了解智能家居功能空间用途； 2. 掌握智能家居功能空间设计原则； 3. 掌握智慧卫浴设计方法
本节任务	学习知识链接内容，了解智能家居功能空间用途，掌握智慧卫浴设计原则、方法
设计技巧	从智慧卫浴的功能、风格、材质、形式、光效等入手

设计内容

设计内容如图 1-7-1 和图 1-7-2 所示。

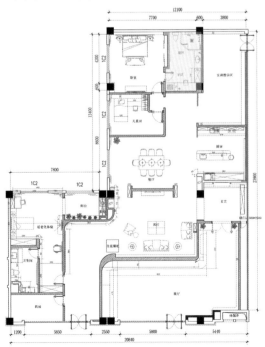

图 1-7-1　智慧卫浴平面图

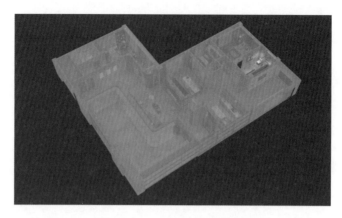

图 1-7-2　智慧卫浴轴测图

　　智慧卫浴在居住建筑空间当中的使用率是相当高的,现在越来越多的家庭注重智慧卫浴的装饰设计。智慧卫浴的创意性以及智慧卫浴合理、舒适的空间布置是我们在设计之前应加以考虑的内容。

　　随着社会经济的发展和科学技术的不断更新,人们的卫浴概念发生了改变,从原先单单解决如厕问题到后来的沐浴。

　　传统卫浴存在着诸多不足,不仅功能单一,而且空间封闭,空气不流通,导致如厕后气味难散或洗完澡后水汽弥漫。

　　近年来,随着物联网、大数据、人工智能技术的发展,智慧卫浴有了很大的市场空间,并逐渐获得了大部分年轻人的喜爱。

　　(1)动态零冷水。

　　秋冬之季,人们习惯于在洗澡前等热水,而华为全屋智能的智慧卫浴可实现"动态零冷水"。只需说一声"小艺小艺,我要马上洗澡",就能为用户自动调整舒适水温,无须等待。

　　华为全屋智能的鸿蒙 AI 引擎,可以根据用户使用行为大数据与算法建立家庭用水模型,并通过机器学习不断进化。同时结合家庭分布的传感器与智能终端设备,综合判断用户的水温偏好、用水时段、季节温度等信息,最终实现"全屋实时生活热水 + 高效节能"的两大需求兼顾体验。

　　(2)温度调整。

　　洗澡前,智慧卫浴内的浴霸会自动开启暖风模式,同时联动打开卧室内的空调,将温度调整到舒适范围。因此,不论是在浴室洗澡,还是洗完澡回到卧室,环境始终都能处于一种恒温状态,避免了忽冷忽热导致的感冒。

　　(3)安心、便捷地洗澡。

　　洗澡时,智慧卫浴会开启隐私模式,将浴室玻璃调整成不透明的,更好地保护用户的隐私安全。在完全私密的空间里,用户可以尽情享受洗澡带来的放松。

　　此外,智慧卫浴安装了人体感应装置,通过人体感应可自动打开卫浴房的灯光。当然,你也可以根据自身需求去调节灯光,让沐浴更舒心。离开卫浴房 30 秒后,灯光会自动关闭。

　　(4)主动除湿。

　　洗完澡后,卫浴房往往水汽弥漫,地板上、墙上都是水珠,久久不能散去。众所周知,潮湿的卫浴房容易使真菌滋生、繁殖,诱发呼吸道疾病,并且增加了家人摔倒的风险,带来了潜在的安全隐患。

　　华为全屋智能的智慧卫浴,能主动将浴霸的暖风模式切换为除湿模式,除湿结束后关闭,让整个卫浴房保持干爽、卫生。此外,华为全屋智能的智慧卫浴还可配置多功能智能镜和智能马桶。与传统的镜子相比,智能镜具备多种功能,比如无级调光、智能除雾、时间显示、温度显示等。洗完澡后,不用再擦拭镜面上的雾气,直接轻触开启除雾,便可轻松整理仪容仪表。在沐浴过程中如果觉得无聊,还可以通过智能镜播放音乐、广播、视频等,让枯燥的沐浴时光变得生动有趣。

　　智能马桶则拥有自动开盖、自动冲水、自动冲洗、自动烘干、自动关盖、自动 UV 杀菌等功能。当用户如厕靠近马桶时,马桶盖会主动打开。同时,排气扇、香薰机或新风系统自动开始工作。如厕结束后马桶盖主动关闭,此时,香薰机会开启"除臭"功能,完毕后自动关闭,换气扇在工作一段时间之后也会自动关闭。

　　随着科技的快速发展,注重生活仪式感、满足感的年轻人更热爱智能化产品和全屋智能场景带来的感受与体验。相信在未来,智慧卫浴将会在越来越多的家庭得到推广与应用。

　　智慧卫浴如图 1-7-3 至图 1-7-6 所示。

图 1-7-3　智慧卫浴

图 1-7-4　智慧卫浴

图 1-7-5　智慧卫浴

图 1-7-6　智慧卫浴

知识链接

（1）海尔智慧卫浴场景，给你超幸福的完美浴室空间。

http://www.360doc.com/content/22/0813/21/77611_1043678685.shtml。

（2）智能卫浴方案合集。

https://jz.docin.com/p-2705001698.html。

任务实施

(1)统领:主案设计师小杨通过甲方提出的功能空间描述,了解到本案涉及的所有功能空间均采用智能、智慧化设计,并满足教学需求,团队对智能家居设计效果充满了期待,开始搜集智能家居设计相关资料展开设计。

(2)碰撞:4~6人一组,分析讨论后,组内推荐一人,扮演主案设计师小杨,进行角色表演,表演时长2~3分钟。

(3)落实:经团队分析研讨后,从搜集得到的大量的关于智慧卫浴的资料中筛选,最终完成如图1-7-1所示的智慧卫浴平面图、图1-7-2所示的智慧卫浴轴测图、图1-7-3至图1-7-6所示的效果图。

任务评价

任务评价如表1-7-2所示。

表1-7-2 任务评价

评估细则	分值	学生自评	小组互评	教师考核
活动组织有序,组员参与度高	10			
对智能家居的感受充分	50			
逻辑清晰,分析合理	15			
叙述条理性强,表达清晰	15			
表演感染力强	10			
总分	100			
各项总平均分				

拓展与提高

一、智慧卫浴的类型

随着经济的发展,居住建筑面积越来越大,智慧卫浴的面积也越来越大,个数越来越多,由单卫到双卫再到多卫。智慧卫浴的数量不同,其设计定位是不一样的。

(1)单卫:考虑到全家都使用这一个智慧卫浴,内部的每一部分的功能要考虑齐全,比如洗脸盆的设置,一人在洗脸时,另一个人是否能利用马桶,这就是一个很现实的问题。

(2)双卫:双卫其中一个是主卫,一般设置在主卧室内部,供主人使用,风格定位一般以浪漫为主;另一个是客卫,一般设置在相对较靠外的位置,供家里其他人和客人使用,风格定位以实用为主。

(3)多卫:这种形式一般出现在别墅空间或高档公寓内部,数量较多,一般在三个或三个以上,主次区分和定位就更明确。

二、智慧卫浴的设计原则

(1)功能要求。

智慧卫浴设计应综合考虑洗脸盆、马桶、浴缸三种功能设施的综合使用要求,无论位置如何摆放,都要首先满足这三种使用功能要求。在空间面积允许的情况下可以考虑其他的辅助功能,如洗衣区、梳妆区、拖把池、健身区等。

(2)采光通风。

智慧卫浴的装饰设计不应影响智慧卫浴的采光、通风效果,立式淋浴房和淋浴推拉门在设置其位置和高度时要充分考虑到这一点。

(3)电线电器选用。

电线电器的选用和设置应符合电气安全规程的规定。

(4)地面处理。

智慧卫浴的地面处理不仅要考虑采用防水、耐脏、防滑以及易清理的材料,而且要考虑地面朝向地漏的坡度。

(5)人性化细节处理。

智慧卫浴设计过程中不仅要考虑满足一些基本的功能,而且要考虑很多人性化的细节处理,如:马桶旁的电话的设置、背景音乐的设置、开关插座的预留、安全扶手的设计等。

三、智慧卫浴内相关尺度

任何空间中尺度设置合理是最基本的要求,尺度不合理,一切都是徒劳。智慧卫浴内相关尺度如图 1-7-7 至图 1-7-10 所示。尺度的把握需灵活。

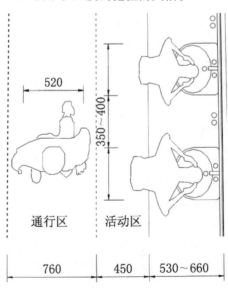

图 1-7-7　洗手盆平面布置的相关尺度

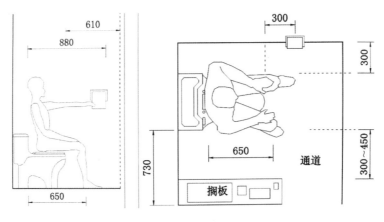

图 1-7-8　马桶布置的相关尺度

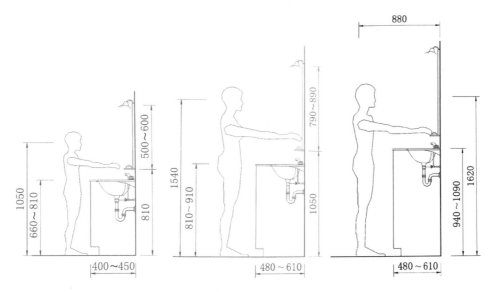

图 1-7-9　儿童、女性、男性洗手盆设置立面的相关尺度

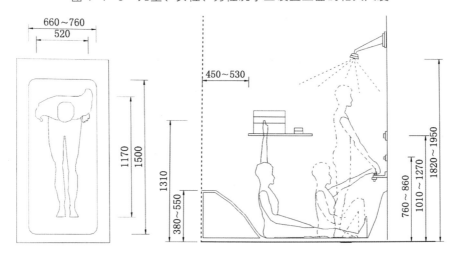

图 1-7-10　浴缸布置的相关尺度

四、智慧卫浴的功能布局

1. 一般布置形式

许多居住建筑空间中的智慧卫浴面积都很小，由于空间受到限制，额外功能就要省略，基本功能则不可缺少。智慧卫浴内部的"三大件"分别为：洗手盆、马桶、淋浴间。在居住建筑空间当中，基本上下水管道的位置在装修之前已确定，虽然在特殊情况下可以做适当的调整，但不宜或者说尽可能不做大幅度更改，以免后患。"三大件"基本的布置方法是由低到高设置，即从智慧卫浴门口开始，最理想的是洗手台向着智慧卫浴门，而马桶紧靠其侧，把淋浴间设置在内端，这样无论从作用、使用功能上或美观上都是合适的，如图1-7-11所示。

图1-7-11　智慧卫浴的基本布置形式

2. 空间布置注意干湿分离

注重干湿分离的空间设计，就是将沐浴空间、马桶与洗手盆进行分隔，具有一定的私密性，在满足通风和采光的前提下采用灵活多样的隔断形式（软帘、玻璃推拉门、百叶窗），有效地防止淋浴的水溅出，有时采用哪种形式还要视具体的空间面积和结构而定，如图1-7-12所示。

图1-7-12　采用隔墙对空间进行分隔

五、智慧卫浴的洁具选择

智慧卫浴的洁具一般都是采购并进行安装的,所以洁具的选择很重要,以下从几个方面来了解。

(1)智慧卫浴内的洗手盆、坐便器、浴缸等主要产品的档次、质量必须一致,其色泽与智慧卫浴的地砖和墙砖色泽搭配要协调,一般智慧卫浴的洁具的色泽与地砖的色泽相近或稍浅。

(2)在选择坐便器之前,要弄清楚智慧卫浴预留排水口是下排水还是横排水。如果是下排水,要量好排水口中心到墙的距离,然后选择同等距离的坐便器,否则无法安装;如果是横排水,要弄清排水口到地面的高度,坐便器出水口和预留排水口高度要相同或略高才能保证排水通畅。

(3)在选择节水型坐便器时,往往有一个误区,认为冲水量越小越节水。其实坐便器是否节水并不完全取决于此,而主要在于坐便器冲水和排水系统及水箱配件的设计。坐厕的冲水方式常见的有直冲式和虹吸式两种。一般来说,直冲式的坐厕冲水的噪声大些而且易反味。虹吸式坐厕属于静音坐厕,水封较高,不易反味。虹吸又分很多种,如漩涡式、喷射式等。

(4)选择卫生洁具需注意陶瓷质量,可通过"看""摸""听"和"对比"四个步骤来购买。

①看。可选择在较强光线下,从侧面仔细观察卫浴产品表面的反光,表面没有或少有砂眼和麻点的为好。亮度指标高的产品采用了高质量的釉面材料和非常好的施釉工艺,对光的反射性好,从而视觉效果好。

②摸。用手在卫浴产品表面轻轻摩擦,感觉非常平整细腻的为好。还可以摸到背面,感觉有"沙沙"的细微摩擦感的为好。

③听。可用手敲击陶瓷表面,一般好的陶瓷材质被敲击时发出的声音是比较清脆的。

④比较。主要是考察陶瓷产品的吸水率,吸水率越低的越好。陶瓷产品对水有一定的吸附渗透能力,水如果被吸进陶瓷,会产生一定的膨胀,容易使陶瓷表面的釉面因膨胀而龟裂。尤其对于坐便器,如果吸水率高,则很容易将水中的脏物和异味吸入陶瓷,时间一长就会产生无法去除的异味。

六、常用的卫生洁具

目前国内常用的卫生洁具有以下几种:

(1)脸盆:可分为挂式、立柱式、台式三种。

(2)坐便器:可分为冲落式和虹吸式两大类。按外形可分为连体和分体两种。新型的坐便器还带有保温和净身功能。

(3)浴缸:形状花样繁多。按洗浴方式分,有坐浴、躺浴。按功能分,有泡澡浴缸和按摩浴缸。按材质分,有亚克力浴缸、钢板浴缸、铸铁浴缸等。

(4)冲淋房:由门板和底盆组成。冲淋房门板按材料分有 PS 板、FRP 板和钢化玻璃三种。冲淋房占地面积小,适用于淋浴。

(5)净身盆:女性专用,目前国内家居使用较少。

(6)小便斗:男士专用,现在在家居装饰装修中使用频率日见增多。

(7)五金配件：形式花样更是各异，除了上述提到的洁具配件外，还包括各种水嘴、玻璃托架、毛巾架(环)、皂缸、手纸架、浴帘、防雾镜等。

1. 目的要求

通过实训，可以使学生对智慧卫浴的设计方法、设计步骤、设计内容有所理解和掌握，而且可以根据某一主题进行设计。

2. 实训项目支撑条件

智慧卫浴的设计训练可以结合洽谈技巧的相关训练进行，通过设计师与客户沟通的过程，了解客户对智慧卫浴的喜好和对空间的使用要求，从而进行原始资料的收集与分析。另外，现场测量时收集到的卫生间的原始结构和各种管道的情况，也为智慧卫浴的设计打下基础。

3. 实训任务书

(1)完成智慧卫浴设计方案。

(2)作业要求：

①智慧卫浴相关的背景资料与要求分析

②设计风格符合业主的要求，特点鲜明。

③智慧卫浴空间内部功能分区合理。

④室内空间色彩搭配合理，照明设计科学，界面装饰材料运用得当。

(3)作业成果：

①智慧卫浴的背景资料与要求分析报告一份。

②智慧卫浴的设计说明、平面图、顶棚图、开关插座图、立面图、透视图。

③采用学生自评、小组互评完成表 1-7-2 的填写。

(4)考核方法：根据上交的作业的质量、上课期间教师抽查的结果等，给学生打出优、良、合格、不合格。

任务八　智慧儿童房设计

教学目标如表 1-8-1 所示。

表 1-8-1 教学目标

学习任务	智慧儿童房设计
建议学时	2 学时
本节学习目标	1. 了解智能家居功能空间用途； 2. 掌握智能家居功能空间设计原则； 3. 掌握智慧儿童房设计方法
本节任务	学习知识链接内容，了解智能家居功能空间用途，掌握智慧儿童房设计原则、方法
设计技巧	从智慧儿童房的功能、风格、材质、形式、光效等入手

设计内容

设计内容如图 1-8-1 和图 1-8-2 所示。

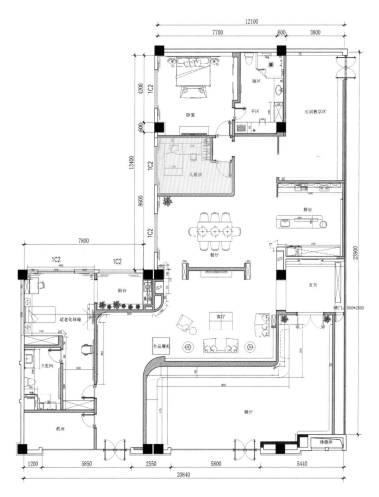

图 1-8-1 智慧儿童房平面图

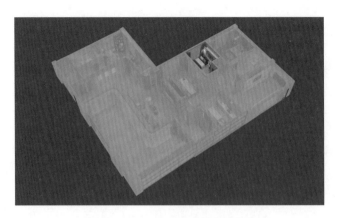

图 1-8-2　智慧儿童房轴测图

　　智慧儿童房的空间虽不大,但其中不仅流淌着年轻父母浓浓的体贴与爱意,更是孩子们梦想出发的地方。目前随着经济的发展,智慧儿童房的设计日渐受到重视。

　　智慧儿童房可设置起床模式和睡眠模式,为孩子打造科学作息规律。通过唤起智能音箱,海量故事库和音乐库早已为孩子准备好,满足孩子成长所需。手机一键控制,打开窗帘、打开灯。

　　智慧儿童房一般设置四个场景功能,分别是语音控制、阅读模式、时间管理、儿童教育。

　　智慧儿童房如图 1-8-3 至图 1-8-6 所示。

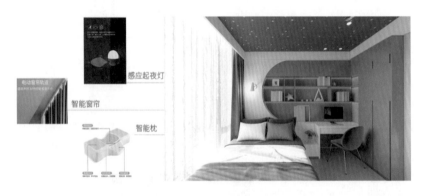

图 1-8-3　智慧儿童房

图 1-8-4　智慧儿童房

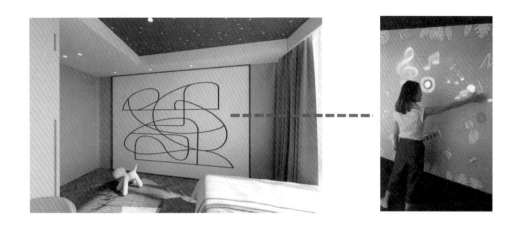

霍格沃兹墙又叫魔法互动墙,是通过投影互动技术来实现的。通过手指触摸墙面上的影像就会魔法般出现神奇的动画影像。有声音和影像闪动,不触摸时就会消失。就像赋予了小朋友双手神奇的魔法。

图 1-8-5　智慧儿童房

星空顶:儿童房打造星空顶设计,夜晚灯光下也能看到浩瀚的宇宙星空,营造一种神奇、魔幻的效果,具有强烈的视觉冲击力

图 1-8-6　智慧儿童房

知识链接

(1)萤石智能生活带来智慧儿童房布置攻略,给孩子 360° 全方位守护。

https://www.smartcn.cn/210044.html。

(2)儿童房如何智能化?这些装备让你的孩子体验高科技。

https://www.sohu.com/a/115291093_303712。

任务实施

(1)统领:主案设计师小杨通过甲方提出的功能空间描述,了解到本案涉及的所有功能空间均采用智能、智慧化设计,并满足教学需求,团队对智能家居设计效果充满了期待,开始搜集智能家居设计相关资料展开设计。

(2)碰撞:4~6人一组,分析讨论后,组内推荐一人,扮演主案设计师小杨,进行角色表演,表演时长2~3分钟。

(3)落实:经团队分析研讨后,从搜集得到的大量的关于智慧儿童房的资料中筛选,最终完成如图1-8-1所示的智慧儿童房平面图、图1-8-2所示的智慧儿童房轴测图、图1-8-3至图1-8-6所示的效果图。

任务评价

任务评价如表1-8-2所示。

表1-8-2　任务评价

评估细则	分值	学生自评	小组互评	教师考核
活动组织有序,组员参与度高	10			
对智能家居的感受充分	50			
逻辑清晰,分析合理	15			
叙述条理性强,表达清晰	15			
表演感染力强	10			
总分	100			
各项总平均分				

拓展与提高

一、智慧儿童房设计原则

1. 安全性

安全性是智慧儿童房设计时需考虑的重点之一,由于孩子正处于活泼好动、好奇心强的阶段,容易发生意外,在设计时,需处处费心。

家具:宜选择耐用的、承受破坏力强的,特别是要尽量避免棱角的出现,采用圆弧收边,以避免尖棱利角碰伤孩子;此外还要结构牢固、旋转稳固,杜绝晃动或倾倒现象发生。

材料:在装饰材料的选择上,无论墙面、顶棚还是地板,应选用无毒无味的天然材料,以减少装饰所产生的居室污染;另外,地面适宜采用实木地板,配以无铅油漆涂饰,并要充分考虑地面的防滑;应尽量避免使用玻璃制品等易碎材料。

电源插座:电源插座要保证儿童的手指不能插进去,最好选用带有插座罩的安全插座。

2. 遵循孩子自然尺度

由于孩子的活动力强,智慧儿童房用品的配置应适合孩子的天性,以柔软、自然素材为佳,如地毯、原木、壁布或塑料等,这些材料耐用、易修复且价格适中,可营造舒适的睡卧环境。家具的款式宜小巧、简洁、质朴、新颖,同时要符合孩子的喜好(见图 1-8-7)。小巧,适合幼儿的身体特点,符合他们活泼好动的天性,同时也能为孩子多留出一些活动空间;简洁,符合儿童的纯真性格;质朴,能培育孩子真诚朴实的品质;新颖,则可激发孩子的想象力,在潜移默化中孕育并发展他们的创造性思维能力。

图 1-8-7　符合儿童尺度的家具设计以及富有童趣的陈设品

3. 充足的照明

智慧儿童房的整体照明度一定要比成年人房间高,一般可采取整体与局部两种方式布设。当孩子游戏玩耍时,以整体灯光照明;孩子看图画书时,可选择局部可调光台灯来加强照明,以取得最佳亮度。此外,还可以在孩子居室内安装一盏低瓦数的夜明灯,或者在其他灯具上安装调节器,方便孩子夜间醒来时看到灯光。

4. 明亮、活泼的色调

各种不同的颜色可以刺激儿童的视觉神经,而千变万化的图案,则可满足儿童对整个世界的好奇心。色彩宜明快、亮丽、鲜明,以偏浅色调为佳,尽量不取深色。如果分色,可选择淡粉配白、淡蓝配白、榉木色配浅棕等,如图 1-8-8 所示。由于每个小孩的个性、喜好有所不同,不妨把儿童居室的墙面装饰成蓝天白云、绿树花草等自然景观,让儿童在大自然的怀抱里欢笑;各种色彩亮丽、趣味十足的卡通化了的家具、灯饰,对诱发儿童的想象力和创造力会大有好处。

图 1-8-8　儿童房明快色彩的运用

5. 游戏与趣味性

智慧儿童房的游戏与趣味性设计对儿童健康成长、养成独立生活能力、启迪他们的智慧具有十分重要的意义。了解孩子的性格特点及对居室布置的要求,与了解一些影响孩子生活的设计因素同等重要。玩耍,占据了儿童大部分的时间,无论是独自一人玩耍还是与小朋友或父母共同游戏,都应有合适的活动空间。

一个多彩的游戏空间既可以加深孩子对外部世界的认识,又给予孩子自由嬉戏的宽敞空间,使他们在玩乐中得到想象力与创造力的开发。

6. 可重新组合和发展性

设计巧妙的智慧儿童房应该考虑到孩子们可随时重新调整摆设,空间属性应是多功能且具多变性的,所以家具应选择易移动、组合性高的,方便随时重新调整空间,如图1-8-9所示。

图1-8-9 多功能儿童家具体现趣味性和移动性

另外,不断成长的孩子需要一个灵活舒适的空间,选用看似简单却精心设计的家具,是保证房间不断"长大"的最为经济、有效的办法。

7. 预留展示空间

随着年纪的增长,孩子的活动能力也日益增强,所以设计师要视房间的大小,适当地留有一些活动区域。如在壁面上挂一块白板或软木塞板,或在空间的一角加一个层板架,为孩子日后的需要预留出展示空间。

二、智慧儿童房的功能分区

儿童的大部分时间是在家中的小天地度过的,智慧儿童房不仅是儿童休息、睡眠的地方,更是学习、娱乐和玩耍的场所,因此,智慧儿童房一般要设置睡眠区、学习区、娱乐区、储物区等功能空间,这些区域之间也可兼而用之。

1. 睡眠区

睡眠区是智慧儿童房不可缺少的功能区,应该布置在房间相对稳定的位置,要有安全感,如图 1-8-10 所示。

图 1-8-10 睡眠区与娱乐区分开的布置形式

床的造型可以是一般样式,也可根据儿童的喜好选用各种独特、形象造型(火车型、飞机型、汽车型)。

2. 学习区

学习区是儿童读书习字的地方,要布置在采光较好的位置。在学习区主要布置书桌,要符合儿童的尺度,造型可根据儿童的心理特点选用,如各种抽象的动物造型、几何造型等。对于年龄较小的儿童,有时学习和娱乐是同时进行的,这两个功能可以综合考虑。

3. 娱乐区

娱乐区是儿童游戏、娱乐和玩耍的地方,一般应占整个智慧儿童房的大部分空间,可根据需要布置在房间的一角或中央,也可与睡眠区、学习区等融合在一起。娱乐区是充满童趣的地方,可结合儿童玩具陈列展架等来布置。

4. 储物区

储物区是储存儿童衣物、日常用品和各种玩具的地方,可靠墙角布置衣柜或收纳箱,其造型、颜色应符合房间的整体风格,既要与房间的整体布局协调一致,又要便于储藏物品。

总之,智慧儿童房内各功能区域的划分要根据使用要求和空间大小来决定,在满足基本功能的前提下,尽量给娱乐区留出较多空间。各功能区的家具造型、款式应组成和谐的整体,充分体现儿童的特点。尽量以非规则、非对称的布置形式为主,因为它能给人以自由、活泼、富于变化的感觉。应做到有主有从,聚散有度。

三、智慧儿童房的界面设计

1. 地面

智慧儿童房的设计中,地面设计是个重点。

在孩子的活动天地里,地面应具有抗磨、耐用等特点。通常,一些最为实用而且较为经济的选择是刷漆的木质地板或其他一些更富有弹性的材料,如软木、橡胶、塑料等。尽管如此,所有这些地面材料都无法像地毯那样对受伤的膝盖或摔跤等意外情况更具保护性,想要兼而有之,取两者之长,就在坚实耐磨、富有弹性的地板上面铺一块地毯。

橡胶地板在通常情况下稍逊于软木,但就其实用价值来说,它也是一种耐磨、保暖、柔和、有韧性且易于清洁的地面材料,其光滑平整的表面也便于"行走玩具"的前行。橡胶地板具有多种颜色的特点更是其他材料无法相比的,其中包括那些对于智慧儿童房再理想不过的明亮的色彩。不过,橡胶地板的铺设需专业人员来进行。

地毯建议铺设在床周围、桌子下边和周围,这样可以避免孩子在上、下床时因意外摔倒在地而磕伤,也可以避免床上的东西掉在地上时摔破或摔裂从而对孩子形成伤害。而孩子经常玩耍的地方,特别对于那些爱玩积木、喜欢电动小汽车的孩子来说,则不宜在地面上大面积地铺设地毯,如图 1-8-11 所示。

图 1-8-11　儿童房局部地毯运用

2. 墙面

智慧儿童房墙面处理方法是很多的,如五彩缤纷的墙漆,优雅温馨的墙纸、壁布等。一般智慧儿童房的色调可根据小孩子比较喜欢的颜色来选定,黄色优雅、稚嫩,粉色可爱、素净,绿色健康、活泼,蓝色安静、童话色彩较浓。

学龄前儿童喜欢在墙面随意涂鸦,可以在其活动区域,如壁面上挂一块白板或软木塞板,让孩子有一处可随性涂鸦、自由张贴的天地,这样不会破坏整体空间,又能激发孩子的创造力。孩子的美术作品或手工作品,也可利用展示板或在空间的一隅加个层板架放设,既满足孩子的成就感,也达到了趣味展示的作用。

3. 顶棚

天花板的造型应有些变化,让孩子多体会大自然的气息,充分发挥他们的想象力。顶棚一般不用做太多太复杂的造型,因为智慧儿童房注重后期的软装饰而且家具造型、颜色和儿童玩具已很丰富,为做到主从分明,顶棚不便采用太复杂的造型和色彩。

四、智慧儿童房的色彩设计

色彩在智慧儿童房设计当中占有很重要的地位,色彩选择和搭配的好坏,除了对视觉环境产生影响外,对人的情绪、心理等都有一定的影响,尤其是儿童,特别敏感,影响最大。

智慧儿童房的色彩选择可以分为以下几方面。

1. 基色

基色是整个房间的主色调,在整个房间中基色占的面积最大,一般可占70%左右,它体现房间的主题。智慧儿童房中墙面所占面积最大,它的色彩构成了房间的基调,决定着智慧儿童房的气氛和格调,如图1-8-12所示。

图1-8-12　粉色系的儿童房

2. 点缀色

点缀色占房间面积的25%左右,一般来说宜于选择同色系中亮度较高或色彩较深的颜色。点缀色的运用可以使房间色彩一致而不单调,协调而富于变化,统一而有层次。一般采用床上用品进行点缀居多。

3. 关键色

关键色占房间面积的5%左右,是房间色彩的亮点,对人的视觉有一定的刺激效果和冲击力,可以用橙色或红色,也可以用其他鲜艳的颜色。

智慧儿童房的色彩设计可以根据儿童性别来进行。

(1)男孩房:一般男孩房间最好选择青色系的家具,包括蓝、青绿、青、青紫色等,绿色与大自然最为接近,海蓝系列让孩子的心更加自由、开阔,过渡色彩一般可选用白色。

(2)女孩房:一般女孩房间则可以选择以柔和的红色为主色的家具,比如粉红、紫红、红、橙等,橙色及黄色带来欢乐和谐,粉红色带来安静,黄色系则不拘性别,男孩和女孩都可以选择,过渡色彩一般可选用白色。

在年纪稍小的孩子眼里,他们喜欢对比反差大、浓烈的纯色。随着渐渐长大,他们才有能力辨别或者喜欢一些淡雅的颜色。

五、智慧儿童房的照明设计

智慧儿童房的照明设计主要要明确三方面内容:一是智慧儿童房照明设计原则;二是照度标准确定;三是灯具选择的方法。

1. 智慧儿童房照明设计的原则

①实用:设计时根据智慧儿童房的形状、面积和功能分区等因素通盘考虑光源、光质、投射方向,使智慧儿童房照明在满足各种功能需要的同时,与活动特征、空间造型、色彩、陈设等统一、协调,以取得好的整体环境效果。

②舒适:室内选择合适的照度,以利于儿童在室内的活动;同时稳定、柔和的光质给儿童以轻松感而且也利于儿童眼睛的健康。

③安全:儿童的自控力差,好奇心较强,容易发生触电的危险,要防止发生漏电、触电、短路、火灾等意外事故。电路和配电方式的选择都应符合用电的安全标准,插座应该选用安全保护插座,开关要选择不能轻易打开外壳的品种并采取可靠的用电安全措施。

2. 照度标准

所谓照度,是指单位面积上接收的光通量,基单位是 lx(勒克斯)。

智慧儿童房的照度不宜很高,一般情况下,整体照度可控制在 20～50 lx,学习区的照度可在 75～100 lx,床头阅读可选 75 lx 左右。为了达到这个照度标准,9～11 m^2 的智慧儿童房一般可设一只 40 W 的荧光灯或白炽灯作为整体照明,40 W 的白炽灯作为台灯光源,25～40 W 的白炽灯作为床头灯或床头壁灯即可。

3. 灯具的选择方法

①与空间功能相一致。

整个空间的照明,可选配吸顶灯,书桌旁可采用各式台灯,床头灯应选择可调节光亮度的台灯或壁灯。

②与空间的大小相匹配。

一般来说,智慧儿童房空间较小,不适合采用大体量的灯,宜采用小巧玲珑的灯具。此外,还可以通过灯具的选配,弥补空间上的不足。如净空较高,可选配小吊灯填充;房间矮而宽大,可选用壁灯作为整体照明,也可采用局部的镶嵌灯将空间进一步分隔。

③与儿童特点相一致。

灯具的造型要体现儿童的特点,灯饰要选择现代造型,而避免选择古典造型,使房间具有童趣。通过灯具的装饰作用,进一步强化智慧儿童房的主题。

④科学低耗。

使用安全,结实耐用,高效低耗。

六、智慧儿童房的装修档次

按使用材料和投入费用的多少,智慧儿童房的装修分为高、中、低三个档次(只供参考)。

1. 高档

高档的智慧儿童房装饰设计,地面可采用纯毛地毯或弹性和耐磨性较好的木地板;墙面采用纺织物壁纸或高级的乳胶漆;室内家具可购买成品,也可定做,家具选用质量较好的木材,不但具有优美的纹理,而且结实、耐用;室内面积充足,可以在娱乐区为儿童设置一些大型游乐设施(如滑梯、小帐篷、玩具城堡等);装饰织物如床罩、枕套、窗帘等应使用同一花色,保持协调一致。

2. 中档

中档的智慧儿童房装饰设计,地面可采用混纺地毯或普通木地板,局部采用纯毛地毯;墙面采用普通壁纸或乳胶漆,儿童较容易接触的地方做相应的处理;顶棚无吊顶,配以造型灯具点缀;中档智慧儿童房的家具可买单件儿童家具组合,也可自行设计使用灵活的多功能家具;装饰织物选用一般的纯棉制品,放上靠垫。

3. 低档

低档的智慧儿童房装饰设计,地面可采用塑料地板、化纤地毯或拼花木地板;墙面和顶棚均采用乳胶漆,为烘托气氛,可以在墙裙的位置做些彩绘;在墙面做挂镜线,以挂画或孩子的照片来装饰墙面;家具可改装原有家具或增加部分新家具;装饰织物不必完全一致,只要色彩协调即可。

实训提纲

1. 目的要求

通过实训,可以使学生对智慧儿童房的设计方法、设计步骤、设计内容有所理解和掌握,而且可以根据某一主题进行设计。

2. 实训项目支撑条件

智慧儿童房的设计训练可以结合洽谈技巧的相关训练进行,通过设计师与客户沟通的过程,了解客户的喜好、对空间的使用要求,从而进行原始资料的收集与分析。同时,也可自行设定儿童的背景资料。

3. 实训任务书

(1)完成智慧儿童房设计方案。

(2)作业要求:

①客户的背景资料与要求分析。

②智慧儿童房设计风格符合业主的要求,特点鲜明。

③智慧儿童房空间内部功能分区合理。

④视觉中心效果突出。

⑤室内空间色彩搭配合理,照明设计科学,界面装饰材料运用得当。

(3)作业成果:

①客户的背景资料与要求分析报告一份。

②儿童房的设计说明、平面图、顶棚图、立面图、透视图。

③采用学生自评、小组互评完成表 1-8-2 的填写。

(4)考核方法:根据上交的作业的质量、上课期间教师抽查的结果等,给学生打出优、良、合格、不合格。

任务九　智慧康复保健及适老化空间设计

教学目标

教学目标如表 1-9-1 所示。

表 1-9-1　教学目标

学习任务	智慧康复保健及适老化空间设计
建议学时	2 学时
本节学习目标	1. 了解智能家居功能空间用途; 2. 掌握智能家居功能空间设计原则; 3. 掌握智慧康复保健及适老化空间设计方法
本节任务	学习知识链接内容,了解智能家居功能空间用途,掌握智慧康复保健及适老化空间设计原则、方法
设计技巧	从智慧康复保健及适老化空间的功能、风格、材质、形式、光效等入手

设计内容

设计内容如图 1-9-1 和图 1-9-2 所示。

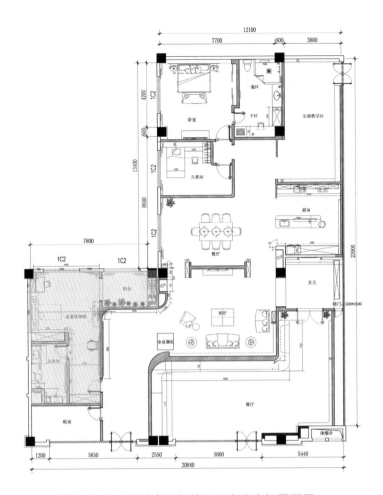

图 1-9-1 智慧康复保健及适老化空间平面图

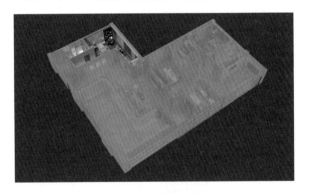

图 1-9-2 智慧康复保健及适老化空间轴测图

居家适老化改造聚焦老年人安全、健康等功能性需求,选择适配性产品,组成不同场景居家环境的产品服务包,包括地面、墙体、居室、厨房、卫生间等施工改造服务,围绕"如厕洗澡安全,室内行走便利,居家环境改善,智能监测跟进,辅助器具适配"五个方面功能,提升老年人生活自理能力和居家生活品质。

智慧康复保健及适老化空间如图 1-9-3 和图 1-9-4 所示。

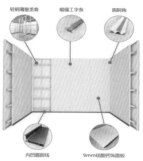

适老化卧室采用装配式墙面系统

图 1-9-3   智慧康复保健及适老化空间

图 1-9-4   智慧康复保健及适老化空间

（1）如厕洗澡安全。卫生间、浴室地面防滑处理，配备坐便器、洗澡椅，安装扶手等，降低意外风险，如图 1-9-5 所示。

图 1-9-5   如厕洗澡安全

（2）室内行走便利。出入通道无障碍改造、室内墙体安装扶手（抓杆）、加装夜间照明装置等，便于老人行走，如图1-9-6所示。

图1-9-6　室内行走便利

（3）居家环境改善。对锈蚀水管、老化裸露用电线路进行改造等，改善居住环境，如图1-9-7所示。

图1-9-7　居家环境改善

（4）智能监测跟进。安装物联网门磁监测系统、紧急呼叫系统、燃气监测报警器等，做好老年人安全监护，如图1-9-8和图1-9-9所示。

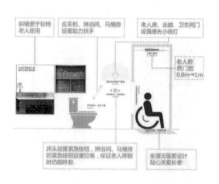

图 1-9-8　智能监测跟进

图 1-9-9　智能监测跟进

（5）辅助器具适配。适配康复辅助器具等，补偿缺失的生理功能，适应居家生活，如图 1-9-10 所示。

图 1-9-10　辅助器具适配

知识链接

(1) 文富路太有爱了,听听它的适老化改造方案。

https://www.360kuai.com/pc/93750af5552a50289?sign=360_c9d79732&tag_kuaizixun=%E5%9B%BD%E5%86%85。

(2) 居家养老服务中心投标方案。

https://www.cgwenjian.com/zt/v/79?adId=595212。

任务实施

(1) 统领:主案设计师小杨通过甲方提出的功能空间描述,了解到本案涉及的所有功能空间均采用智能、智慧化设计,并满足教学需求,团队对智能家居设计效果充满了期待,开始搜集智能家居设计相关资料展开设计。

(2) 碰撞:4~6人一组,分析讨论后,组内推荐一人,扮演主案设计师小杨,进行角色表演,表演时长2~3分钟。

(3) 落实:经团队分析研讨后,从搜集得到的大量的关于智慧康复保健及适老化空间的资料中筛选,最终完成如图1-9-1所示的智慧康复保健及适老化空间平面图、图1-9-2所示的智慧康复保健及适老化空间轴测图、图1-9-3至图1-9-10所示的效果图。

任务评价

任务评价如表1-9-2所示。

表1-9-2　任务评价

评估细则	分值	学生自评	小组互评	教师考核
活动组织有序,组员参与度高	10			
对智能家居的感受充分	50			
逻辑清晰,分析合理	15			
叙述条理性强,表达清晰	15			
表演感染力强	10			
总分	100			
各项总平均分				

拓展与提高

老年人由于生理机能的下降和心理上发生的变化,一般成人的卧室装饰设计已经难以满足他们的需求。对老年人来讲,最重要的不是装修的豪华与美观,而是安全、方便、舒适,很多对于年轻人来说并不需要的设施却是老年人必不可少的。

一、无障碍设计

对于老人来说,随着年事渐高,许多老人开始行动不便,起身、坐下、弯腰都成为困难的动作,除了家人适当地搀扶外,设置于墙壁的辅助扶手很重要,特别是选用防水材质的扶手装置在浴缸边、马桶与洗面盆两侧,可令行动不便的老人生活更自如(见图1-9-11至图1-9-13)。此外,马桶上装置自动冲洗设备,可免除老人回身擦拭的麻烦,对老人来说十分实用。另外,老人不能久站,因此在淋浴区沿墙设置可折叠的座椅,既能节省老人体力,不用时收起又可节省空间。

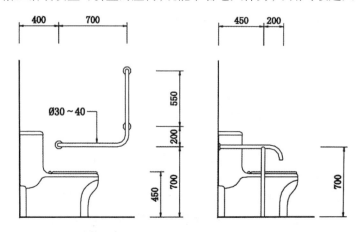

图 1-9-11　卫生间墙壁辅助扶手的设置

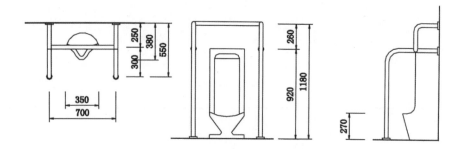

图 1-9-12　卫生间墙壁辅助扶手的设置

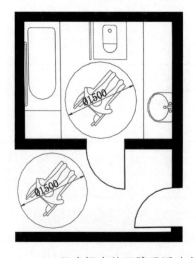

图 1-9-13　卫生间中的无障碍活动空间

二、打造方便、流畅的空间

对于老人来说,流畅的空间可让他们行走和拿取物品更加方便,这就要求家中的家具尽量靠墙而立,家具的样式宜低矮,便于他们取放物品。床应设置在靠近门的地方,方便老人夜晚如厕。可折叠、带轮子等机动性强的家具,一不小心就容易对老人造成伤害,因此家具选择上,宜选稳定的单件家具,固定式家具是较好的选择。

三、营建成熟、稳重的氛围

老年人的居室窗帘可选用提花布、织锦布等,厚重、素雅的质地和图案,以及华丽的编织手法,也能体现出老人成熟、稳重的智者风范。此外,厚重的窗帘带来稳定的睡眠环境,对于老人的身体大有好处。深浅搭配的色泽十分适用于老人的居室。如:胡桃木色的家具可用于床、橱柜与茶几等单件家具,而寝具、装饰布及墙壁等的色泽则以浅色调为宜,这样,单个居室看起来既和谐雅致,又透露着长者成熟的气质,如图1-9-14所示。

图1-9-14　成熟、稳重的智慧康复保健及适老化空间

四、相关材料的设计应用

老人房装饰材料的选择要符合老年人特点以及喜好,而且与居室整体风格相协调。

1. 地面

(1)应考虑具有防滑功能的材料,常采用木质或塑胶材料。目前防滑性能好的材料主要有木地板、地毯、石英地板砖、凹凸条纹状的地砖及防滑马赛克等,局部地毯不宜使用,因为边缘翘起会造成对老年人行走和轮椅的干扰。

(2)应避免使用有强烈凹凸花纹的地面材料,因为这种材料往往会令老年人产生视觉上的错觉。

(3)对于痴呆老年人来说,各方面的判断能力退化严重,室内地面材质或色彩的变化,往往造成判断高低深浅方面的困难,如误认为地面有高差,从而影响其正常行走,所以地面材料应尽量统一。

(4)对于使用轮椅的老年人来说,室内地面应避免出现门槛和高差变化。必须做高差的地方,高度不宜超过2 cm,并宜用小斜面加以过渡。

2. 墙面

(1)墙面不要选择过于粗糙或坚硬的材料,可用多彩喷涂或静电植绒加以装饰。

(2)阳角部位最好处理成圆角或用弹性材料做护角,在 1.8 m 高度以下做与墙体粉刷齐平的护角,避免对老年人身体的磕碰;如果墙体有突出部位,应避免使用粗糙的饰面材料,带有缓冲性的发泡墙纸可减轻老人碰撞时的撞击力;如果在室内需要使用轮椅,距地面 20 ~ 30 cm 高度范围内应做墙面及转角的防撞处理。

五、室内色彩

老年人喜爱安静、闲逸,性格保守固执,而且身体较弱,因此应选用一些古朴而深沉、高雅而宁静的色彩装饰居室,如米色、浅灰、浅蓝、深绿、深褐。蓝色可调节平衡、消除紧张情绪。米色、浅蓝、浅灰有利于休息和睡眠,易消除疲劳。

老年人房间宜用温暖的色彩,整体颜色不宜太暗。因老年人视觉退化,室内光亮度应比其他空间高一些。另外老年人患白内障的较多,白内障患者往往对黄和蓝绿色系色彩不敏感,容易把青色与黑色、黄色与白色混淆,因此,室内色彩处理时应加以注意。

六、室内照明

1. 辅助灯的设置

老年人对于照明度的要求比年轻人要高 2 ~ 3 倍,因此,室内不仅应设置一般照明,还应注意设置局部照明。为了保证老年人起夜时的安全,智慧康复保健及适老化空间可设低照度长明灯,夜灯位置应避免光线直射躺下后的老年人眼部。同时,室内转弯、高差变化、易于滑倒等处(门厅、走廊、智慧康复保健及适老化空间的出入口、有高差处)应保证一定的光照,应安置辅助灯(脚灯)。

2. 可调节开关设置

老年人对亮度变化的适应能力差,急剧的亮度变化带来的刺激对老年人来说极不舒服,这也是造成事故的原因之一,因此必须设法使亮度逐渐变化。

比如:用辅助照明所获得的最大亮度面与附近的亮度比应为 3∶1 以下,相邻房间之间、房间与通道之间、照度低的一方照度与高的一方的平均照度比应保持在 2∶1 以下。智慧康复保健及适老化空间宜采用可调节亮度的开关,并应在床头方便的位置设置照明开关。从床到厕所的路线上应设置脚灯,并保证夜间长明,凡遇拐角处应加设脚灯。所有照明开关均应采用大面板、带灯的开关等。

七、细节设计

1. 室内家具

室内家具宜沿房间墙面周边放置,避免突出的家具挡道。如果使用轮椅,应注意在床前留出足够的供轮椅旋转和护理人员操作的空间。

2. 门

老人房的门应易开易关,门的处理最好采用推拉式,装修时下部轨道应嵌入地面以避免高差;平开门应注意在把手一侧墙面留出约50 cm的空间,以方便坐轮椅的老人侧身开启门扇,如图1-9-15所示;门拉手选用转臂较长的,避免采用球形拉手,拉手高度宜在900~1000 mm之间。

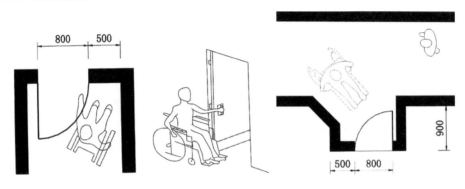

图1-9-15　在门的一侧预留空间

3. 窗

根据老人身高,窗台尽量放低,最好在750 mm左右,窗台加宽,一般在250~300 mm,便于放置花盆等物品或扶靠观看窗外景色,如条件许可窗台内可设置安全栏杆。

4. 卫生洁具

卫生洁具的色彩以白色为佳,特别是马桶,白色除感觉清洁外,还使人容易发现检查出排泄物的问题与病变;智能型坐便器的温水冲洗等功能,对治疗老年人的便秘、痔疮有很好的效果,应推荐客户使用。

浴缸需采用防滑材料,浴缸边缘离地350~450 mm为宜,方便跨越浴缸和坐在浴缸边缘出入。浴缸边缘应为可坐下并转身的形状,并在浴缸一端留有400 mm宽的坐浴台。在洁具两侧适当位置均应设置适合老年人使用的扶手,如图1-9-16所示。

图1-9-16　浴缸边缘安全设施

5. 紧急呼救系统

卫生间内除地面要防滑、墙上设扶手、色彩明亮等以外,还需要注意针对老人设置紧急呼救系统。

6. 安全扶手的安装

老年人由于身体机能的下降,很多时候需要扶手的协助以独立完成起立、行走、转身等动作,设计时应根据老年人身体尺度和行为特点,在可能有上下移动、单腿站立等不稳定姿势的地方设置扶手。在经常通行的地方应安装水平行走时使用方便的扶手,或预留出可安装扶手的位置并在墙面相应位置做好加固措施。扶手的高度、材质和形状应根据使用特点来选择,安装必须牢固、可靠以确保使用的安全性。扶手的高度应方便老年人在走廊、楼梯、卫生间、客厅、餐厅、卧室等地方的移动,其高度以 800 ~ 900 mm 为宜。为避免扶手抓空而摔倒,连续使用扶手的地方,应保证扶手的连续性,不应中断。扶手改变方向的地方可以中断,但扶手端部之间的距离应以 400 mm 以下为标准。为减少冲撞时的危险性,应将扶手的端头向下或向墙面方向弯曲;扶手与墙壁的间隔为 4 ~ 6 cm,以不碰手为宜。

实训提纲

1. 目的要求

通过实训,可以使学生对智慧康复保健及适老化空间的设计方法、设计步骤、设计内容有所理解和掌握。智慧康复保健及适老化空间的装饰在一定程度上也是客户重点考虑的内容。

2. 实训项目支撑条件

此环节的实训项目可以结合洽谈技巧的相关训练进行,通过设计师与客户沟通的过程,了解客户的喜好、对空间的使用要求,从而进行原始资料的收集与分析。

3. 实训任务书

(1)完成智慧康复保健及适老化空间设计方案。

(2)作业要求:

①客户的背景资料与要求分析。

②智慧康复保健及适老化空间设计风格符合业主的要求,特点鲜明。

③智慧康复保健及适老化空间内部功能分区合理。

④视觉中心效果突出。

⑤室内空间色彩搭配合理,照明设计科学,界面装饰材料运用得当。

(3)作业成果:

①客户的背景资料与要求分析报告一份。

②智慧康复保健及适老化空间的设计说明、平面图、顶棚图、立面图、透视图。

③采用学生自评、小组互评完成表 1-9-2 的填写。

(4)考核方法:根据上交的作业的质量、上课期间教师抽查的结果等,给学生打出优、良、合格、不合格。

模块二 智能家居功能空间场景施工

任务一　智能家居体验与供需分析

教学目标

教学目标如表 2-1-1 所示。

表 2-1-1　教学目标

学习任务	智能家居体验与供需分析
建议学时	2 学时
本节学习目标	1. 熟悉智能家居的概念； 2. 了解智能家居的现状与发展； 3. 学会分析智能家居需求
本节任务	学习知识链接内容，了解智能家居的起源、发展历程、应用前景等
本节岗位场景再现	通过参观智能家居体验厅、观看视频、VR，采用资料搜集、调研、咨询等方式，汇总分析人们生活中的烦心事

任务描述

小顾同学是本市某职业学校物联网应用技术专业即将毕业的学生，近期通过校企双选招聘，进入了本市某智能科技企业顶岗实习，主要从事智慧社区、智能家居、智慧酒店、智慧校园等建筑智能化系统集成相关工程的设计、安装与调试工作。总经理安排他跟着公司的项目经理曹工跟岗实习两个月，希望他能够在两个月内辅助曹工完成相应工作任务，快速入门。

曹工带领小顾参观本公司的智能家居展示体验厅，体验了室内室外的智能视频监控系统、智能安防报警系统、可视对讲系统、智能门锁联动系统、智能家庭影院系统、智能背景音乐系统、智能灯光窗帘控制系统、全套智能家电与管控系统、智能厨房安防系统等系统，同时还体验了中央空调系统、新风系统、地暖系统、全屋净水系统、空气净化器、扫地机器人、人工智能音箱与智能机器人等智能化产品带来的智慧生活。当小顾还沉浸于家庭影院的视听体验时，曹工就给他布置了一个任务：要求小顾根据参观体验，结合宣传视频与手册资料，整理归纳人们生活中对于智能家居的需求，熟悉智能家居的系统架构，根据工程案例与解决方案，制订一份顶岗实习或学习规划。

曹工对小顾说，不管是售前还是售后工程师，都必须了解智能家居的概念、现状与发展，把握客户的真正需求，解决生活中的痛点，才能为客户提供更加精准的服务。本任务要求通过参观智能家居体验厅、观看视频、VR，采用资料搜集、调研、咨询等方式，汇总分析人们生活中的烦心事。

视频：君悦湾的一天，https://v.douyin.com/AA5qXFR/。

知识链接

一、智能家居的定义

物联网智能家居（smart home for internet of things）是以住宅为平台，融合建筑、网络通信、智能家居设备、服务平台，集系统、服务、管理为一体的高效、舒适、安全、便利、环保的居住环境。

相关标准：

——《物联网智能家居 数据和设备编码》GB/T 35143—2017；

——《物联网智能家居 图形符号》GB/T 34043—2017；

——《物联网智能家居 设备描述方法》GB/T 35134—2017。

二、智能家居的发展

1. 智能家居从智能程度上划分的四个发展阶段

（1）第一代智能家居是手机操控，典型特征是通过手机控制智能单品实现，为用户提供一种全新的体验。

（2）第二代智能家居是场景模式＋联动，典型特征是不同设备的不相干动作，通过一个模式联动起来，自动完成用户需要的操作。

（3）第三代智能家居是语音交互，典型特征是利用语音交互技术使人机接口更加和谐自然。

（4）第四代智能家居是人工智能，典型特征是彻底解放人们的大脑和双手，无须发出指令，设备智能化为人类工作和服务。

2. 智能家居在中国的发展阶段

（1）萌芽期／智能小区期（1994—1999 年）：概念熟悉、产品认知的阶段。

（2）开创期（2000—2005 年）：智能家居的市场营销、技术培训体系逐渐完善起来，此阶段，国外智能家居产品基本没有进入国内市场。

（3）徘徊期（2006—2010 年）：智能家居企业的野蛮成长和恶性竞争，夸大宣传、满意率低、服务支撑跟不上……给智能家居行业带来了极大的负面影响，此时国内品牌进入优胜劣汰的痛苦发展转型期，同时国外智能家居品牌借机暗中涌入中国。

（4）融合演变期（2011—2020 年）：智能家居的放量增长说明智能家居行业进入了一个新的拐点，由徘徊期进入了新一轮的融合演变期。

我国智能家居发展环境如表 2-1-2 所示。

表 2-1-2 我国智能家居发展环境

序号	环境	特点	主要内容	注释
1	政策环境	战略新兴产业重点应用，政府工作报告、部委行动计划政策利好	《2016 年国务院政府工作报告》	智能家居被首次写入政府工作报告
			2017 年 1 月《信息通信行业发展规划物联网分册》	智能家居作为物联网 6 大重点领域应用示范工程之一，规划提出打造生态系统、推广集成应用解决方案，重点支持其物联网操作系统研发
			2017 年 8 月国务院《关于进一步扩大和升级信息消费 持续释放内需潜力的指导意见》；2017 年 12 月工信部《促进新一代人工智能产业发展三年行动计划（2018—2020 年）》	支持物联网、机器学习等技术在智能家居产品中的应用，建设一批智能家居测试评价、示范应用项目并推广
2	经济环境	居民消费能力不断提高，消费升级助推家居智能化	我国由超高速步入中高速增长通道，经济结构与增长方式发生了较大变化，居民人均可支配收入和消费支出的不断增长，显示出人民生活水平的持续提高	个性化、多样化消费渐成主流
			性价比已经不再是智能产品需求的唯一决定性因素，对产品品质和新科技功能的追求背后是消费升级理念的兴起	消费者对智能产品的需求在从"价格导向"向"价值导向"转变
3	社会环境	移动互联为远程操控创造条件	2017 年我国手机网民数量已经超过 7.5 亿人，在全体网民中的占比高达 97.5%	移动互联网和智能手机的普及，为智能家居产品提供了远程操控的基础
		大量住房库存为智能家居市场创造需求	我国住宅施工面积和竣工面积两大指标始终维持在高位	过去十年地产黄金期以及智慧城市、智慧社区的推进使智能家居市场逐渐成为刚需
4	技术环境	关键技术与智能家居产业化应用相互促进	作为物联网、人工智能和云计算落地的载体，智能家居既能够从技术的进步中直接受益，又可以通过产业化的应用实现技术变现，反过来推动技术的发展，从而形成智能家居应用与关键技术之间的正向反馈	物联网、云计算和人工智能是智能家居领域的三大关键技术。AI 语音交互、云计算、大数据学习分析，使智能家居更显个性与智能

三、智能家居产业规模发展现状与预测

智能家居产业规模发展现状与预测如图 2-1-1 所示。

全球智能家居市场规模将在2022年达到1220亿美元，2016-2022 年年均增长率预测为14%。智能家居产品分类涵盖照明、安防、供暖、空调、娱乐、医疗看护、厨房用品等。

MarketsAndMarkets

Mordor Intelligence

2017年全球智能家居市场规模为357亿美元，2018 - 2023年间的复合年均增长率CAGR为26.9%，预计到2023年将达到1506亿美元。其中，美国、欧洲、中国将成为智能家居三大市场，市场增幅速度远超国际平均标准。

2018年随着主要智能家居系统平台及大数据服务平台搭建完毕，下游设备厂商完善，智能家居产品被消费级市场接受，市场规模将达到1800亿元人民币。

易观智库

艾瑞咨询

2017年中国智能家居市场规模为3254.7亿元，预计未来三年内市场将保持21.4%的年复合增长率，到2020年市场规模将达到5819.3亿元。

世界各大知名调研公司的评估不尽相同。

值得关注的是，中国智能家居市场逐渐成为全球智能家居市场增长重心。

图 2-1-1　智能家居产业规模发展现状与预测

任务实施

(1)统领：同学们请帮助小顾同学统计完成以下表格。

(2)碰撞：要求 4～6 人一组，通过搜集整理资料、调研、讨论等方式分析生活中的各种烦心事，分析讨论后，组内推荐一人，扮演小顾同学，进行角色展演，表演时长 2～3 分钟。

(3)落实：经团队分析研讨后，从搜集得到的大量的关于智慧安防的资料中筛选，最终完成表 2-1-3。

表 2-1-3　生活中的烦心事及解决思路

序号	生活中的烦心事	解决思路	方案功能描述	主要的设备
举例	出差在外，担心小偷	安防报警	门磁报警、窗磁报警、红外报警、视频监控、玻璃破碎器……	家庭安全套装、网络摄像机
1				
2				
3				
…				

任务评价

任务评价如表 2-1-4 所示。

表 2-1-4　任务评价

评估细则	分值	学生自评	小组互评	教师考核
活动组织有序，组员参与度高	10			
对智能家居的感受充分	50			
逻辑清晰，分析合理	15			
叙述条理性强，表达清晰	15			
表演感染力强	10			
总分	100			
各项总平均分				

拓展与提高

误区 1：智能家电 = 智能家居

如今智能家居行业势头正猛，很多商家为了促进消费，费尽心思让自己的产品与"智能"两字沾上边，很多消费者误以为智能家电就是智能家居，其实不然。就拿智能电视机来说吧，与传统电视机相比，节目的种类更加丰富多样，而且它能够扮演游戏机的角色，还可以安装和卸载各种应用软件，能够满足用户更加多样化的消费需求，但是从本质上来说，它只能算得上智能家居的一个组成部分，或者说是智能终端，就像智能手机一样，我们并不能将它们与智能家居画上等号。

误区 2：智能家具 = 智能家居

其实，智能家具只是组合智能、电子智能、机械智能、物联智能与传统家具的巧妙融合。在使用智能家具时，用户可以充分发挥自己的主观创造性，比如根据自己的喜好和家庭的空间特征对家具进行自由组合搭配，而智能家居是一个整体概念，它是通过物联网等技术，将家中的照明、门锁、窗帘、家电、安防等各种设备集成的系统。

误区 3：智能家居 = 奢侈豪宅

"智能家居价格太贵，低收入家庭承受不起"，提起智能家居，很多人都会有这种想法，其实不然，任何新事物的普及都会有一个阶段性的过程，就像汽车刚出现时，我们会觉得它离自己很遥远，可是现在却不会这样认为。

而构建起安全、高效、智能化的管理系统，给用户营造一个安心、温馨、舒心、便利的居住环境，提升用户居住的舒适度和安全性则是智能家居的根本意义。

实训提纲

1. 目的要求

通过实训，可以使学生熟悉智能家居的概念，了解智能家居的现状与发展，学会分析智能家居需求。

2. 实训项目支撑条件

学习知识链接内容，了解智能家居的起源、发展历程、应用前景等。

3. 实训任务书

(1)完成智能家居体验与供需分析。

(2)作业要求：切换组内成员完成表 2-1-3 的分析填写。

(3)作业成果：

①每组提交电子报告一份。

②采用学生自评、小组互评完成表 2-1-4 的填写。

(4)考核方法：根据上交的作业的质量、上课期间教师抽查的结果等，给学生打出优、良、合格、不合格。

任务二　分析智能家居系统框架

教学目标

教学目标如表 2-2-1 所示。

表 2-2-1　教学目标

学习任务	分析智能家居系统框架
建议学时	2 学时
本节学习目标	1. 了解智能家居的定义与特征； 2. 熟悉智能家居的主要通信技术与协议模块
本节任务	学会分析智能家居系统框架
本节岗位场景再现	通过参观体验，系统地了解了智能家居系统的概念、现状与发展，全面梳理了生活中人们的痛点与需求

任务描述

小顾通过参观体验，系统地了解了智能家居系统的概念、现状与发展，全面梳理了生活中人们的痛点与需求。为了使小顾尽快了解智能家居系统的架构，掌握智能家居子系统模块间的联系，曹工安排小顾绘制出智能家居系统拓扑图。

一、智能家居系统控制方式

1. 手动控制

智能家居系统中,智能开关、窗帘控制器等仍然保留了手动触屏与按键控制,对于用惯了传统手动操控的客户,不会感到半点不适。

2. 遥控控制

智能家电的遥控控制主要为红外遥控与射频遥控。红外遥控,使用红外光线发送信号,具有指向性强、不可穿透障碍物、抗干扰能力强、兼容性强等特点;射频遥控器使用无线电波传导信号,可全方位立体式覆盖,在控制范围内,无须对准被控设备即可进行遥控操作,可穿透墙体等障碍物,兼容性差,功能扩展性强。这两种控制方式都为遥控器对设备的单向控制,遥控器无法获得当前设备的状态。

3. 手机控制

通过智能手机,使用一个 APP 软件便可实现多个智能家居子系统设备的全面控制与管理,免除了多个遥控器之间换来换去的麻烦,既能进行局域网控制,又能远程管理。目前还有微信小程序、蓝牙摇一摇等其他手机控制方式。

4. 语音控制

通过 AI 智能音箱,语音控制家里的一切家电,真正解放双手。解决家里老人和小孩使用不便的问题。

5. 自动控制

回家、离家等的一键场景控制模式,早晨的定时控制,晚间起夜的感应控制,燃气、烟雾等的联动控制,按照设定的轨迹,实现全屋智能家居的自动控制与管理。

智能家居的主要通信技术如表 2-2-2 和表 2-2-3 所示。

表 2-2-2　智能家居常用有线传输技术

技术	参数						
	总线形式	传输距离	网络结构	速度	网络容量	协议规范	常见应用
RS-485	二芯双绞屏蔽线	1500 米	总线式	300~9600 bps	3 网段可扩充至 255	各大厂家自定义	工业控制、机电一体化等
IEEE 802.3 (Ethernet)	8 芯双绞线	100 米	星形对等	10~1000 Mbps	可无限扩充	TCP/IP	互联网
EIB/KNX	四芯专用双绞线	1000 米	总线式 / 星形 / 环型	3.8 kbps	4 或 12 网段可扩充	欧洲三大总线协议	智能建筑
LonWorks	双绞线 / 同轴 / 电力线不等	2500 米	自由拓扑	300~1.25 $\times 10^6$ bps	64 网段可扩充	LonTalk	工业控制

续表

技术	参数						
	总线形式	传输距离	网络结构	速度	网络容量	协议规范	常见应用
X10/PLC-BUS	普通电力线	1500 米	总线式 / 星形	100~200 bps	64000	行业级	智能家居
CANBUS/CBUS/ModBUS 等	二芯专用线	—	总线式	9.6 kbps	64 M 地址码	私有	建筑灯光控制
A-Link 私有 Link	专用线	—	总线式	9.6 kbps	—	私有	智能控制

表 2-2-3　智能家居常用无线技术

技术	参数							
	工作频率	典型传输距离	网络结构	通信速率	网络容量	协议规范	安全与加密	常见运用
RFID 射频	315 MHz/433 MHz 等	50~100 米	点到点	1.2~19.2 kbps	可无限扩充	自定义	自定义	汽车遥控、物联网
BlueTooth 蓝牙	2.4 GHz	10 米	微微网 / 分布式	1 Mbps	8	蓝牙技术联盟	密钥（四反馈移位寄存器）	电脑无线键、鼠、耳机等
IEEE 802.11 a/b/g/r Wi-Fi	2.4 GHz	50~300 米	蜂窝	1~600 Mbps	50	国际 IEEE 802.11	WEP/WPA 等	无线局域网
IEEE 802.15.4 ZigBee	2.4 GHz	5~100 米	动态路由自组	250 kbps	255 可有限扩充	国际 IEEE 802.15.4	冗余循环 AES128 算法	物联网
Z-Wave	2.4 GHz	5~100 米	动态路由自组	9.5 kbps	232	Z-Wave 联盟	—	智能家居、消费电子

二、ZigBee 网络

ZigBee 网络中存在三种逻辑设备类型——协调器(coordinator)、路由器(router)、终端设备(end device)，形成星形、树形和网状三种 ZigBee 网络，如图 2-2-1 所示。

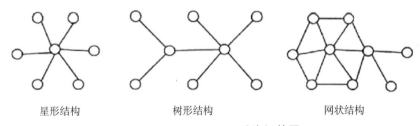

星形结构　　　　　　树形结构　　　　　　网状结构

图 2-2-1　ZigBee 系统拓扑图

三、智能家居网关产品介绍

智能家居网关产品如表 2-2-4 所示。

表 2-2-4　智能家居网关产品

产品名称	家庭控制中心	产品名称	家庭智能中继
产品外形	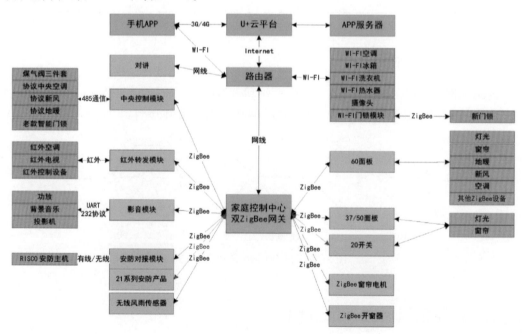	产品外形	
产品型号	HW-WG2J、HW-WG2JA	产品型号	HW-WZ6J、HW-WZ6JA
产品尺寸	252 mm×175 mm×77 mm	产品尺寸	直径 140 mm、厚度 30 mm
产品颜色	白色	产品颜色	白色
安装方式	桌面放置	安装方式	壁挂安装、吸顶安装、桌面安装
输入电压	DC（12±1）V	输入电压	DC（12±1）V
输入电流	500 mA	输入电流	500 mA
指示灯	3 只：电源指示灯、网络指示灯、服务器指示灯	指示灯	2 只：电源指示灯及联网指示灯（可通过软件关闭）
按键	2 个：入网配置按键、复位按键	按键	2 个：入网配置按键、复位按键
通信	网线、ZigBee（双 ZigBee 模块，支持私有协议和 ZHA 协议）	通信	网线、ZigBee（双 ZigBee 模块，支持私有协议和 ZHA 协议）
可接设备数	大于 100 个	可接设备数	大于 100 个
配件	电源适配器	配件	电源适配器、挂架

任务实施

（1）分组交流讨论智能家居系统架构图（见图 2-2-2），归纳其中所用的通信方式和基本技术原理，填入表 2-2-5 和表 2-2-6。

图 2-2-2　智能家居系统架构

表 2-2-5　有线通信技术

序号	有线通信技术	技术特点	应用对象
1	RS-485		
2	RS-232		
3	RJ45 网线		
4	HDMI		
5			

表 2-2-6　无线通信技术

序号	无线通信技术	技术特点	应用对象
1	ZigBee（标准 ZHA TI 方案）		
2	ZigBee（顺舟 Freescale 方案）		
3	Wi-Fi		
4	IrDA 红外		
5	RF-433		
6			

（2）家庭网络的组建练习。

普通平层户型一般配置一台家庭网络中心（网关）即可，跃层户型或别墅户型一般每层至少配置一台家庭网络中心，要考虑房型的复杂程度及装修材料对无线信号的负面影响，必要时适当增加家庭网络中心的数量。

①普通平层用户网络如图 2-2-3 所示。

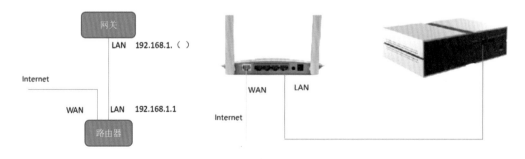

图 2-2-3　普通平层用户网络图

②别墅用户网络如图 2-2-4 所示。

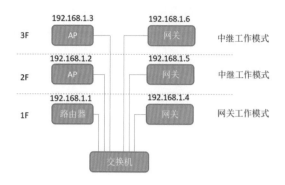

图 2-2-4　别墅用户网络图

③家庭网络组建 CAD 设计练习如图 2-2-5 所示。

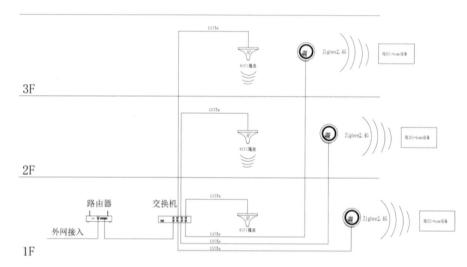

图 2-2-5　家庭网络组建 CAD 图

要求：打开智能家居工程图例，完成以上 CAD 图。

（3）全屋无线解决方案。

①小户型家庭 2 无线路由器组网方案如图 2-2-6 和图 2-2-7 所示。

图 2-2-6　LAN—LAN 家庭组网

图 2-2-7 LAN—WAN 家庭组网

LAN—LAN 方案路由 A 的 IP 地址是 192.168.1.1,那么路由 B 的 IP 地址可以是_____。

LAN—WAN 方案路由 A 的 IP 地址是 192.168.1.1,那么路由 B 的 IP 地址可以是_____。

要求:请总结归纳两种解决方案的详细步骤。

②全屋无线 AP 方案如图 2-2-8 和图 2-2-9 所示。

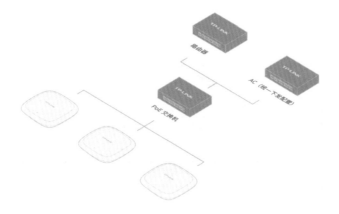

图 2-2-8 PoE 供电无线 AP 解决方案

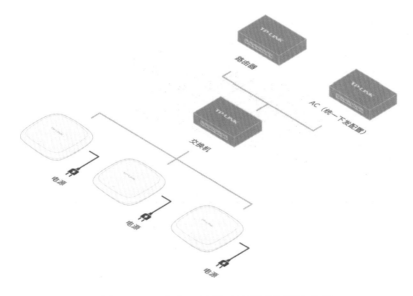

图 2-2-9 DC12 V 供电无线 AP 解决方案

通过上网搜集"AC2600 双频无线吸顶式 AP TL-AP2608GC-PoE/DC"的资料,根据关键术语,填写表 2-2-7 并讨论其技术参数、原理与特点。

表 2-2-7　TL-AP2608GC-PoE/DC 原理与特点

序号	关键术语	原理/特点	备注
1	双频并发		
2	信道调优		
3	功率调优		
4	射频调优		
5	智能漫游技术		
6	PoE 供电		
7			

(4)网关升级配置的操作练习。

新出厂的网关由于版本较低,在 APP 配置时容易出错。网关会定期发布新版本,用户在收到新网关时,可能存在版本较老的问题,建议用户在使用新网关时先查看版本号是否为最新版,如果不是,进行升级后使用。升级方法如下:

步骤 1:将电脑和网关用网线接到路由器上,路由器需要开启 DHCP 功能。

步骤 2:网关上电以后会自动获取 IP 地址,红色指示灯为电源灯,绿色指示灯常亮表明已经获取到 IP 地址,此时可通过上位机软件搜索到该网关。

步骤 3:电脑安装上位机软件后,新建一个配置文件,否则无法进入"发布"界面。

步骤 4:点击搜索网关,此时会显示网关;如果没有搜索到网关,检查网络是否接通,如果网络正常,关闭电脑防火墙,此时重新搜索网关即可。

HW-WG2JA 网关如图 2-2-10 所示。

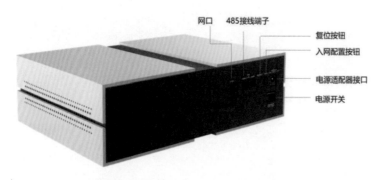

图 2-2-10　HW-WG2JA 网关

步骤 5:长按网关入网配置按钮 10 秒,此时网关重启。

步骤 6:点击网关升级按钮,选择最新网关升级包(见图 2-2-11),如果升级失败,重试几次;多次没有成功,检查 ADB 是否打开,重复第 5 步骤。

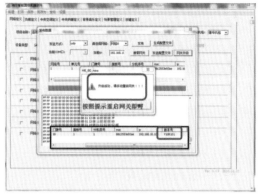

图 2-2-11　上位机软件界面

(5)根据图 2-2-12 和图 2-2-13 所示内容,请在下方括号内和横线上填入相应内容。

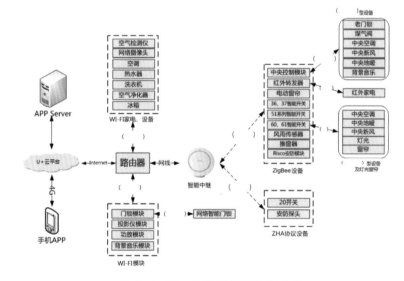

图 2-2-12　智能家居系统拓扑图

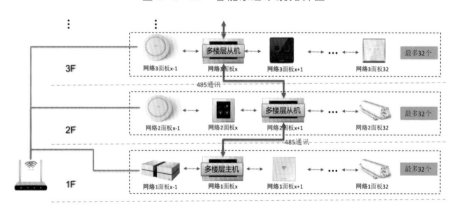

图 2-2-13　智能家居 ZigBee 多楼层组网

图 2-2-13 中目前有_____个 ZigBee 网络,单层网络中 ZigBee 组网最多支持_____个面板,楼层间不同 ZigBee 网络是通过在_____和_____之间使用_____通

信方式来实现多层组网控制的。

RS485 通信电缆类型 CAT5e 及以上：

超五类双绞线，最好带屏蔽；

双绞线能大大减少电磁干扰和信号衰减。

接线规则：

橙色 + 棕色：预留 DC12 V。

蓝色 + 绿色：DATA+。

蓝白 + 绿白：DATA−。

橙白 + 棕白：预留 GND。

任务评价

任务评价如表 2-2-8 所示。

表 2-2-8　任务评价

评估细则	分值	学生自评	小组互评	教师考核
活动组织有序，组员参与度高	10			
功能介绍正确	50			
逻辑清晰，分析合理	15			
叙述条理性强，表达清晰	15			
表演感染力强	10			
总分	100			
各项总平均分				

拓展与提高

一、双 ZigBee 智能家居系统架构图

双 ZigBee 智能家居系统架构图如图 2-2-14 和图 2-2-15 所示。

(1)ZigBee 标准 ZHA TI 方案。

TI 版本 —— ZHA 协议 —— 公有协议：德州仪器 (Texas Instruments)，简称 TI，是全球领先的半导体公司。标准协议：功能定制化细分，单价低，安防探头、门锁模块等都是标准协议，丰富产品群，门槛低；低功耗和超低功耗智能产品必须为标准协议；适合工程项目和 ToC，在手机上组网和编辑场景，双控和场景命令等可随时更改；适合普通人群、无障碍接触智能家居。

(2)ZigBee Freescale 方案。

Freescale 版本 —— 私有协议：飞思卡尔半导体 (Freescale Semiconductor) 是全球领先的半导体公司，2015 年 2 月，飞思卡尔与 NXP 恩智浦达成合并。私有协议：功能强，单价高，上位机配置专业，功能按需定制；适合大户型，定制需求多、设备多。

不同系列开关协议比较如图 2-2-16 所示。

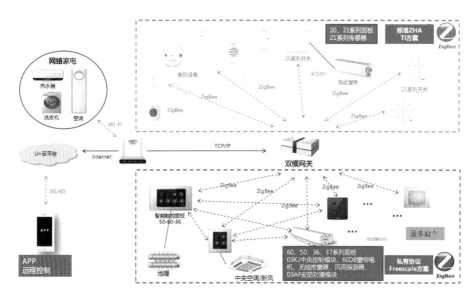

图 2-2-14　双 ZigBee 智能家居系统网络架构

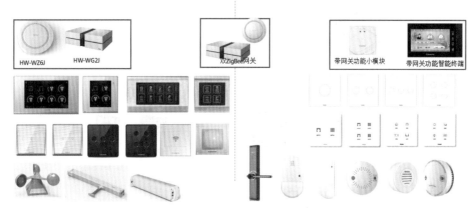

图 2-2-15　双 ZigBee 产品架构

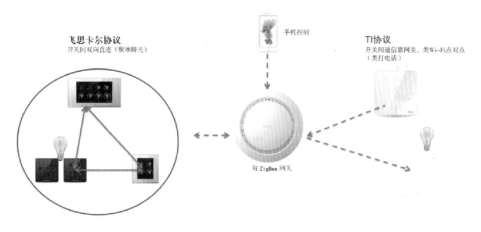

图 2-2-16　不同系列开关协议比较

二、779 MHz 无线通信智能家居网络架构介绍

家庭网络系统如图 2-2-17 和图 2-2-18 所示。

图 2-2-17　HW-WGW 型家庭网络控制中心

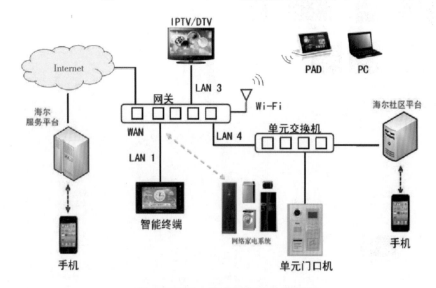

图 2-2-18　家庭网络中心系统图

从系统图中我们可以看出,网关在海尔 U-home 智能化系统中是作为核心的控制中心和转接中心,它既有无线功能也有有线功能,无线功能是海尔独有的 779 MHz 无线物联网组网方式和 Wi-Fi 传输方式,有线是基于 TCP/IP 计算机局域网通信方式,如图 2-2-19 至图 2-2-22 所示。

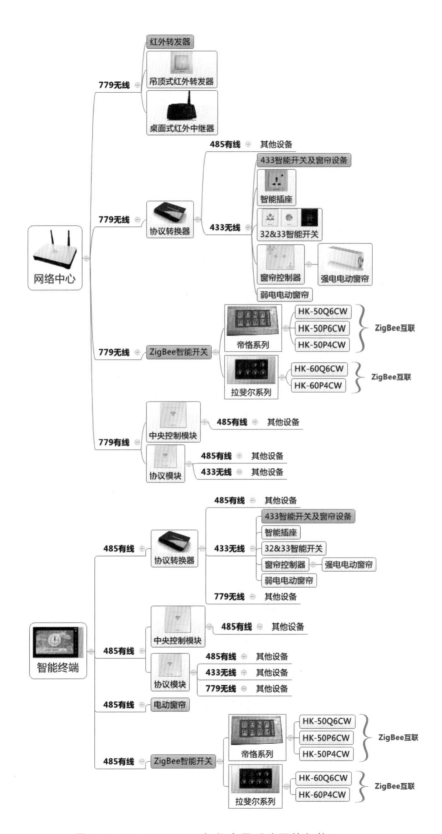

图 2-2-19　779 MHz 智能家居系统网络架构

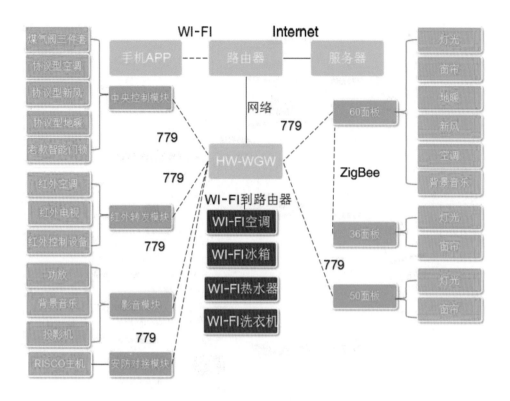

图 2-2-20　779 MHz 智能家居系统网络架构

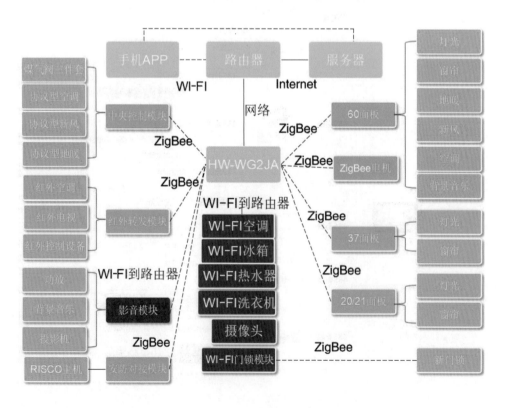

图 2-2-21　双 ZigBee 智能家居系统网络架构

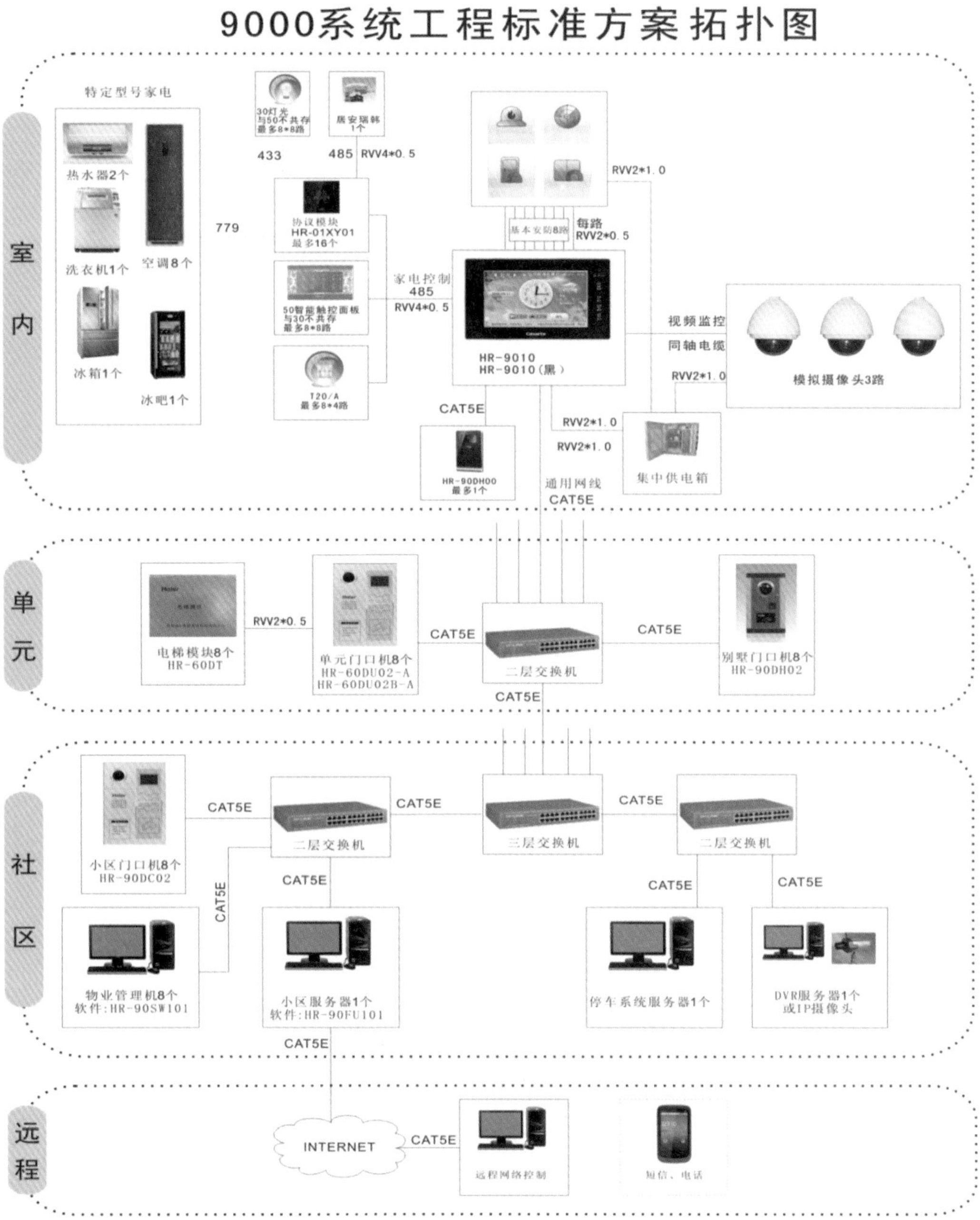

9000系统工程标准方案拓扑图

图 2-2-22　典型智能家居示意图

实训提纲

1. 目的要求

通过实训,可以使学生了解智能家居的定义与特征,熟悉智能家居主要通信技术与协议模块,掌握双 ZigBee 技术的区别与联系,通过家庭网络的组建练习,使学生真切感受到智能家居的意义。

2. 实训项目支撑条件

学习知识链接内容,掌握 ZigBee 智能家居系统架构图等。

3. 实训任务书

(1)学会分析智能家居系统框架,能够组建智能家居全屋无线网络。

(2)作业要求:绘制智能家居系统拓扑图。

(3)作业成果:

①每组提交电子报告一份。

②采用学生自评、小组互评完成表 2-2-8 的填写。

(4)考核方法:根据上交的作业的质量、上课期间教师抽查的结果等,给学生打出优、良、合格、不合格。

任务三　智能家居系统解决方案制作

教学目标

教学目标如表 2-3-1 所示。

表 2-3-1　教学目标

学习任务	智能家居系统解决方案制作
建议学时	2 学时
本节学习目标	1. 了解智能家居系统的解决方案组成; 2. 熟悉智能家居系统工程方案的基本要求; 3. 熟悉智能家居项目经理能力需求
本节任务	学习智能家居系统解决方案制作
本节岗位场景再现	通过对智能家居系统的全面认知, 拟一份实习工作计划

任务描述

通过对智能家居系统的全面认知,曹工安排小顾,根据智能家居系统的组成,拟一份实习工作计划。

知识链接

一、智能家居系统解决方案

（1）纸质或 PPT 电子封面设计，如图 2-3-1 所示。

图 2-3-1　智能家居系统解决方案封面示例

（2）整体解决方案、理念与产品布局，如图 2-3-2 至图 2-3-5 所示。

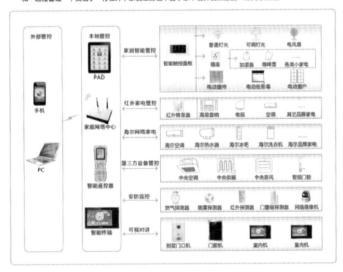

图 2-3-2　总体结构

海尔U-home为用户提供"安全、便利、舒适、愉悦"的高品质生活。

居于家，世界就在眼前；身在外，家就在身边

海尔U-home将带给您全新的智慧生活方式，设想一下……清晨起床时间一到，优美的背景音乐缓缓响起，将我们从睡梦中唤醒，音乐响起三分钟，卧室灯光渐渐明亮，让我们慢慢适应起居环境，穿衣后，窗帘自动打开，灯光关闭，让早上的阳光照射到我们。嗯，今天的天气不错，温度适宜，电动窗户自动打开，让清新的空气进入房间；浴室里的电灯也会随着您进入梳洗时自动亮起……

出门上班，您只需在门口智能终端上轻点一下【外出】，所有灯光自动关闭，窗帘自动打开，让阳光进入房间；中央空调，背景音乐自动关闭，家中安防系统自动进入布防状态……

再想象一下……

一家人吃完晚饭后，坐在沙发上，随手拿起手机，关闭电视，点击【影院】场景，灯光，窗帘自动关闭，100吋大屏投影自动拉下，高清投影机、功放自动开启，让我们无须烦琐的操作，轻松享受最新大片带给我们的震撼，一切开始变得简单。

在炎热的夏季，您可以在下班前在办公室通过电脑打开空调，回到家里便能享受清凉；在寒冷的冬季，则可以享受到融融的温暖。如果不方便使用电脑，使用手机同样可以对家中的一切实现掌控。当您在家中，用海尔智能遥控器可以对家中的电器进行集中控制……这一切，只是海尔智能家居系统功能中的一小部分，整套系统紧紧围绕用户的实际需求和解决用户的实际困难而量身定制，真正实现了以科技服务生活的智慧家庭。

图2-3-3　系统理念

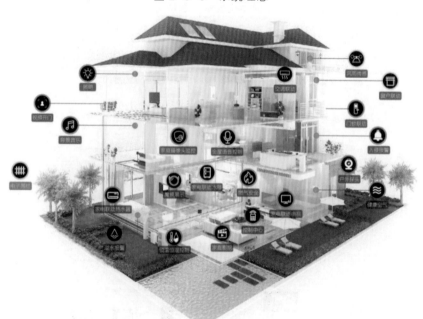

图2-3-4　产品布局图

图 2-3-5　整体解决方案

（3）项目简介与业主需求分析，如表 2-3-2 和图 2-3-6 所示。

表 2-3-2　项目简介

项目名称			项目面积		
业主姓名			业主电话		
项目经理			联系方式		
户型	平层	复式	两层别墅	三层别墅	四层别墅

平层　　　　　　　　　　别墅

业主功能需求：☑

一、智能视频监控系统 ☐　　　　　　其他智能产品
二、智能安防预警系统 ☐　　　　一、海尔三菱中央空调 ☐
三、智能可视对讲系统 ☐　　　　　　大金中央空调 ☐
四、智能门锁联动系统 ☐　　　　二、海尔全屋净水 ☐
五、智能家庭影院系统 ☐　　　　三、海尔电动窗帘 ☐
六、智能背景音乐系统 ☐　　　　四、海尔空气净化器 ☐
七、智能灯光窗帘控制 ☐　　　　五、海尔扫地机器人 ☐
八、智能家电管控系统 ☐　　　　六、个性化智能门锁 ☐
九、智能厨房安防系统 ☐　　　　七、海尔空气质量检测仪 ☐

图 2-3-6　智能家居系统需求示例图

（4）功能子系统分析，如图 2-3-7 所示。

功能子系统应体现实景安装位置图片以及对应的特点说明；

设备配置要提供多种系列和类别供客户选择；

功能说明能针对生活痛点，提供完美的解决方案，注重实际。

图 2-3-7   智能家居子系统设计示例图

二、设备选型与初步预算、耗材选型

该阶段是针对客户需求,针对设备系列的选择,给客户提供基本预算,该预算要求与最终报价不能有太大的出入,如图 2-3-8 所示。

序号	系统名称	名称	型号	品牌	单位	数量	单价	合计
院门(门禁系统 高清监控)								
1	可视对讲	别墅门口机	HR-60DV02	海尔	台	1		
2		别墅门口机预埋盒	S-YM	海尔	台	1		
3	门禁系统	电磁锁	/	/	套	1		
4	高清监控	网路高清红外枪机	/	TIANDY	台	1		
5	灯光控制	智能触控面板	HK-5OP4CW	海尔	台	1		
6		红外探测器	/	/	台	1		

图 2-3-8   别墅智能化系统设备清单

三、CAD 工程设计

CAD 设计内容包含工程图纸封面设计、设计说明、工程图例说明、图块的设计与积累、系统架构图、网络架构图、子系统示意图、子系统布线图、平面布置图、立面安装示意图等,如图 2-3-9 所示。

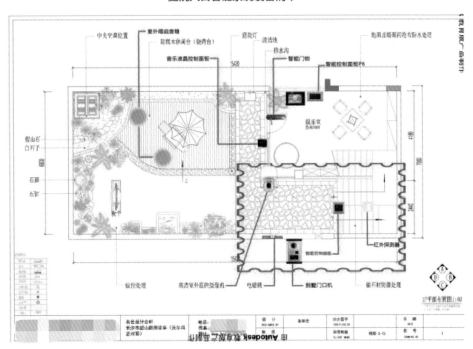

图 2-3-9　智能家居子系统 CAD 设计示例图

四、项目合同

项目合同是根据《中华人民共和国民法典》《建设工程施工合同管理办法》等要求,为保障双方合法权益,明确双方权利义务,经甲乙双方平等协商,对智能家居系统工程达成一致意见,自愿订立的合同。合同要明确项目内容、建设工期、项目质量、设备清单、项目造价、拨款和项目结算、项目竣工验收、质量保修范围和质量保证期、技术资料交付、双方相互协作等条款。

五、项目清单与最终报价

设备清单一定要做细,每一项,为什么要用,要用多少,要讲得清清楚楚,不要企图多报配置,或者蒙混过关,诚实是赢得客户信赖的基础。项目报价应将设备价格、施工费用、耗材、税收等其他费用一并考虑在内,并进行合理预算,使客户对今后的实施经费做到心中有数,尽量避免或者减少后期设备与材料增项,如图 2-3-10 所示。

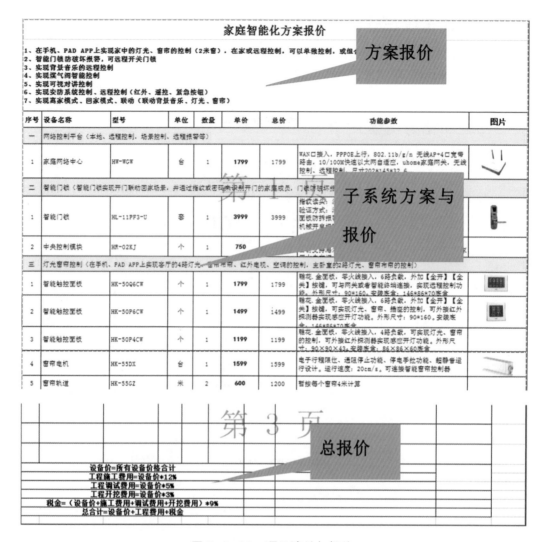

图 2-3-10　项目清单与报价

（1）报价方式 A：

$$设备价 = 所有设备价格合计$$

$$工程施工费用 = 设备价 \times 12\%$$

$$工程调试费用 = 设备价 \times 5\%（根据实际情况）$$

$$工程开挖费用 = 设备价 \times 3\%（根据实际情况）$$

$$税金 =（设备价 + 施工费用 + 调试费用 + 开挖费用）\times 9\%$$

$$总合计 = 设备价 + 工程费用 + 税金$$

（2）报价方式 B：

$$设备价 = 所有设备价格合计$$

$$工程施工费用 = 设备价 \times 15\%$$

$$税金 =（设备价 + 施工费用）\times 9\%$$

$$总合计 = 设备价 + 工程费用 + 税金$$

六、综合布线、安装调试

智能家居网络综合布线与安装调试应结合国际与国内标准,规范设计,项目经理需熟悉常用器材,熟练使用工具,有全面配线端接技术,有一定的工程预算和管理能力。

七、培训指导与使用说明手册编制

培训指导与使用说明手册编制主要是针对客户使用提供的专业技术指导,包含当面培训与说明手册查询,要求内容通俗易懂,方便使用。手册编制要根据客户的设备内容进行单独定制编撰。

八、竣工验收与售后服务

竣工验收,是全面考核、检查项目是否符合设计和工程质量要求的重要环节。竣工验收报告需提供设备最终清单,验收条款参照工程合同,最终双方签字确认。售后服务需写明质保时间、售后服务流程、售后服务电话等信息。

▲▲ 任务实施 ▲▲

(1)制作一份智能家居客户需求表格(见表2-3-3)。

要求:根据智能家居安全、健康、便利、舒适以及特殊等理念方向,制作一份菜单式需求表,以便客户能像点菜一样选择智能家居产品与解决方案。

表2-3-3 智能家居客户需求表

序号	理念板块	U-home解决方案	细分解决方案	备注
1	安全	智能门锁	云盾系列□ 云控系列□ 云悦系列☑ 工程系列□	HL-31PF3
		视频监控	室内监控□ 阳台监控□ 室外监控□	云存储☑ 硬盘录像机□ SD存储□
		厨卫安全	厨房燃气☑ 厨房水浸☑	
		安防报警	…	
2	健康	…		
3	便利			
4	舒适			
5	特殊	智慧养老 儿童关怀等		

(2)根据智能家居系统解决方案,制订一份实习(学习)工作规划(见表2-3-4)。

表 2-3-4   实习工作规划

序号	模块	知识需求	技能要求	素养养成
1	智能家居系统解决方案			
2	业主需求分析			
3	设备选型与基本预算、耗材选型			
4	项目合同（附清单）			
5	CAD 工程设计			
6	项目清单与最终报价			
7	综合布线、安装调试			
8	培训指导与使用说明手册编制			
9	竣工验收与售后服务			

（3）制订项目考核表，加深对智能家居工程项目的认知（见表 2-3-5）。

表 2-3-5   项目考核表

任务模块	模块子系统评价标准	配分	自我评价	教师评价
智能家居体验与供需分析	能准确、全面地说出智能家居系统的定义（技术≥4 个，理念≥3 个）	4		
	熟悉智能家居的现状与发展（≥3 代）	6		
	会分析智能家居系统的实际需求（≥8 个）	8		
	较全面地了解企业的文化、理念、5+7+N 的内容	6		
分析智能家居系统框架	全面了解智能家居系统架构	8		
	熟悉智能家居主要通信技术与协议模块（有线≥3 种、无线≥3 种）	6		
	会简单的家庭网络组建 CAD 设计	6		
	会用 2 个无线路由组建家庭无线网络覆盖的方案（2 种方式）	4		
	熟悉无线 AP 组建智能家居无线网络方案	6		
	会进行网关升级操作	4		
	掌握智能家居 ZigBee 多楼层组网	6		
	明白双 ZigBee 网关的原理与特点	5		
	熟悉 HW-WGW 型 779 MHz 智能家居网络架构	2		
智能家居系统解决方案制作	掌握智能家居系统解决方案制作的内容	4		
	熟悉智能家居系统工程方案的基本要求（≥6 点）	6		
	能制作一份便于推广与收集客户需求的智能家居客户需求表格	6		
	能根据智能家居系统解决方案，制订一份实习（学习）工作规划	6		
过程与素养	学习态度端正，搜索资料认真积极	2		
	听讲认真，按规范操作	2		
	有一定的沟通协作能力和解决问题的能力	3		
合计		100		

任务评价

任务评价如表 2-3-6 所示。

表 2-3-6　任务评价

评估细则	分值	学生自评	小组互评	教师考核
活动组织有序，组员参与度高	10			
对智能家居的感受充分	50			
逻辑清晰，分析合理	15			
叙述条理性强，表达清晰	15			
表演感染力强	10			
总分	100			
各项总平均分				

拓展与提高

智能家居的国家标准：从 2017 年 7 月 31 日起，国家标准化管理委员会相继发布四则以智能家居为主题和一则与智能家居相关联的国家标准，分别为 GB/T 34043—2017《物联网智能家居 图形符号》、GB/T 35143—2017《物联网智能家居 数据和设备编码》、GB/T 35136—2017《智能家居自动控制设备通用技术要求》、GB/T 35134—2017《物联网智能家居 设备描述方法》、GB/T 36464.2—2018《信息技术 智能语音交互系统 第 2 部分：智能家居》。这些智能家居国标，对智能家居相关术语给出了规范的定义，举例如下。物联网智能家居 smart home for internet of things：以住宅为平台，融合建筑、网络通信、智能家居设备、服务平台，集系统、服务、管理为一体的高效、舒适、安全、便利、环保的居住环境。智能家居设备 smart home device：具有网络通信功能，可自描述、发布并能与其他节点进行交互操作的家居设备。智能家居系统 system of smart home：由智能家居设备通过某种网络通信协议，相互联结成为可交互控制管理的智能家居网络。GB/T 34043—2017《物联网智能家居 图形符号》规定了物联网智能家居系统图形符号分类以及系统中智能家用电器类、安防监控类、环境监控类、公共服务类、网络设备类、影音娱乐类、通信协议类的图形符号。GB/T 35143—2017《物联网智能家居 数据和设备编码》规定了物联网智能家居系统中各种设备的基础数据和运行数据的编码序号、设备类型的划分和设备编码规则。GB/T 35136—2017《智能家居自动控制设备通用技术要求》规定了家庭自动化系统中家用电子设备自主协同工作所涉及的术语和定义、缩略语、通信要求、设备要求、控制要求和控制安全要求。GB/T 35134—2017《物联网智能家居 设备描述方法》规定了物联网智能家居设备的描述方法、描述文件的格式要求、功能对象类型、描述文件元素的定义域和编码、描述文件的使用流程和功能对象数据结构。GB/T 36464.2—2018《信息技术

智能语音交互系统 第 2 部分:智能家居》规定了智能家居语音交互系统的术语和定义、系统框架、要求和测试方法。

实训提纲

1. 目的要求

通过实训,可以使学生了解智能家居系统的解决方案组成,熟悉智能家居系统工程方案的基本要求,熟悉智能家居项目经理能力需求。

2. 实训项目支撑条件

学习知识链接内容,掌握智能家居的国家标准、智能家居系统解决方案,制订项目考核表,加深对智能家居工程项目的认知。

3. 实训任务书

(1)完成智能家居系统解决方案的制作。

(2)作业要求:对智能家居系统有全面认知,拟一份实习工作计划。

(3)作业成果:

①每组提交电子报告一份。

②采用学生自评、小组互评完成表 2-3-6 的填写。

(4)考核方法:根据上交的作业的质量、上课期间教师抽查的结果等,给学生打出优、良、合格、不合格。

任务四　智能照明系统的组建与配置

传统的开关控制方式,已经严重制约了现代人快节奏的生活方式:

陈先生住着豪华的别墅,回家还得摸黑开灯,一路走,一路开,睡觉前看着楼下的灯火通明,浪费电不说,还得一个一个地关,真是很不方便;早晨上班,关了好几个房间的灯,总觉得还有哪个灯忘记关了,真想直接把总闸拉掉;生活中总是有照明盲区的存在,这个时候只有打开手机手电筒功能缓慢前进;用完洗手间,打开排风扇,总是会忘记关掉⋯⋯

随着科技的发展和人们生活水平的提高,人们对家庭的照明系统提出了新的要求:它不仅要控制照明光源的发光时间、亮度,而且要与家居子系统来配合,在不同的应用场合配置相应的灯光场景;灯具要能全开全关,不同组合,调光、延时、遥控、感应控制甚至远程控制等。人们的需求越来越明确。

教学目标

教学目标如表 2-4-1 所示。

表 2-4-1　教学目标

学习任务	智能照明系统的组建与配置
建议学时	2 学时
本节学习目标	1. 了解开关面板的发展史与演变过程； 2. 了解控制面板的基本结构组成； 3. 能根据接入智能触控面板的设备类型，确认智能触控面板输出端的类型； 4. 掌握使用电脑配置触控面板各类参数的方法； 5. 了解触控面板常见故障的原因以及恢复出厂设置的步骤
本节任务	能根据要求进行智能触控面板的设备选型，掌握使用电脑配置触控面板各类参数的方法
本节岗位场景再现	通过对智慧照明设备的学习，能根据项目环境，选配与安装、调试智能触控面板

任务描述

通过对智慧照明设备的学习，能根据项目环境，选配与安装、调试智能触控面板。

知识链接

一、开关发展史

开关发展史如图 2-4-1 所示。

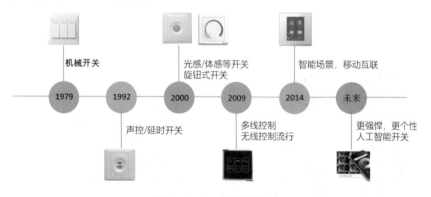

图 2-4-1　开关发展史

二、开关的操作演化

开关的操作演化如图 2-4-2 所示。

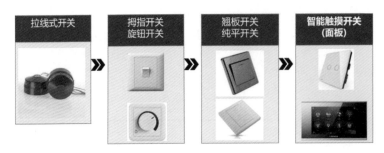

图 2-4-2 开关的操作演化

三、智能开关的定义

(1)智能开关是指利用控制板和电子元器件的组合及编程,以实现电路智能开关控制的单元;开关具有可视化、智能化、个性化、互联化等特性,如图 2-4-3 所示。智能开关产品分触控面板与液晶面板两大类。

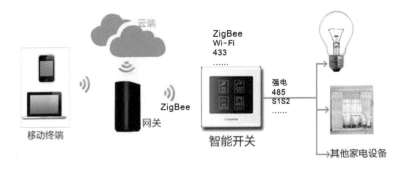

图 2-4-3 智能开关应用拓扑图

(2)智能开关要想实现智能控制,就必须存在连接和待机等候两种情况,而待机时智能开关必须有电源供电才能正常工作。

智能开关爆炸图如图 2-4-4 所示。

图 2-4-4 智能开关爆炸图

(3)开关单火与零火线连接方式如图 2-4-5 所示。

(4)全系列面板命名规则如图 2-4-6 所示。

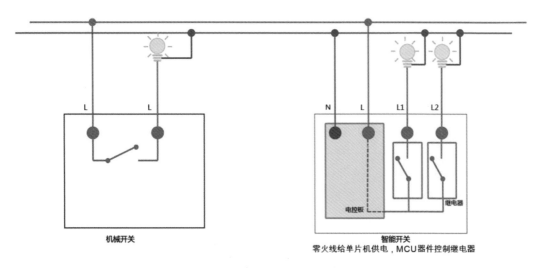

图 2-4-5　单火开关与零火线开关

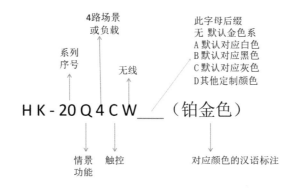

图 2-4-6　面板命名规则

四、智能开关面板介绍

(1)36 系列触控面板如表 2-4-2 所示。

表 2-4-2　36 系列触控面板

名称	HK-36P1CW	HK-36P2CW
图片		
额定频率	50 Hz/60 Hz	
额定电压	AC176~264 V	
输入类型	零火线输入	
按键数	1	2
可接负载数	1	2

续表

名称	HK-36P1CW	HK-36P2CW
负载输出	可接 1 路负载或开合型抽头电机类负载	可接 2 路负载或开合型抽头电机类负载
负载功率	500 W × 1	500 W × 2
通信方式	ZigBee 无线通信	
外形尺寸	90 mm × 90 mm	
安装方式	标准 86 底盒，嵌入式安装	

(2)60 系列触控面板如表 2-4-3 所示。

表 2-4-3   60 系列触控面板

名称	HK-60Q6CW	HK-60P4CW
图片		
额定频率	50 Hz/60 Hz	
额定电压	AC176~264 V	
输入类型	零火线输入	
按键数	每页 8 个，共 4 页	每页 4 个，共 4 页
可接负载数	6	4
负载输出	可接 6 路负载或开合型抽头电机类负载	可接 4 路负载或开合型抽头电机类负载
负载功率	500 W × 4+300 W × 2	300 W × 4
通信方式	ZigBee 无线通信、485 通信、779 MHz 通信	
外形尺寸	90 mm × 160 mm	90 mm × 90 mm
安装方式	标准 146 底盒，嵌入式安装	标准 86 底盒，嵌入式安装

(3)50 系列触控面板如表 2-4-4 所示。

表 2-4-4   50 系列触控面板

名称	HK-50Q6CW	HK-50P4CW
图片		
额定频率	50 Hz/60 Hz	
额定电压	AC176~264 V	
输入类型	零火线输入	
按键数	8	4
可接负载数	6	4

续表

名称	HK-50Q6CW	HK-50P4CW
负载输出	可接 6 路负载或开合型抽头电机类负载	可接 4 路负载或开合型抽头电机类负载
负载功率	1500 W+500 W+500 W×2+300 W×2	300 W×4
通信方式	ZigBee 无线通信、485 通信、779 MHz 通信	
外形尺寸	90 mm×160 mm	90 mm×90 mm
安装方式	标准 146 底盒，嵌入式安装	标准 86 底盒，嵌入式安装

(4)37 系列触控面板如表 2-4-5 所示。

表 2-4-5　37 系列触控面板

名称	HK-37P1CW	HK-37P2CW	HK-37P3CW	HK-37P4CW
图片				
额定频率	50 Hz/60 Hz			
额定电压	AC176~264 V			
输入类型	零火线输入			
按键数	1	2	3	4
可接负载数	1	2	3	4
负载输出	灯光负载或开合型抽头电机类负载（窗帘），也可以定义为场景按键			
负载功率	阻性 1500~2000 W/路，容性 600 W/路	阻性 500 W/路，容性 200 W/路	阻性 500 W/路，容性 200 W/路	阻性 500 W/路，容性 200 W/路
通信方式	ZigBee Freescale 方案无线通信			
外形尺寸	86 mm×86 mm×36 mm			
安装方式	标准 86 底盒，嵌入式安装			

(5)20 系列触控面板如表 2-4-6 所示。

表 2-4-6　20 系列触控面板

名称	HK-20P1CW	HK-20P2CW	HK-20P3CW	HK-20P4CW
图片				
额定频率	50 Hz/60 Hz			
额定电压	AC176~264 V			
输入类型	零火线输入			
按键数	1	2	3	4
可接负载数	1	2	3	4

续表

名称	HK-20P1CW	HK-20P2CW	HK-20P3CW	HK-20P4CW
负载输出	灯光负载			
负载功率	容性 200 W，阻性 500 W			
通信方式	无线 2.4 GHz ZigBee			
外形尺寸	86 mm × 86 mm × 36 mm			
安装方式	标准 86 底盒，嵌入式安装			

(6)20 系列功能触控面板如表 2-4-7 所示。

表 2-4-7　20 系列功能触控面板

名称	HK-20Q4CW	HK-20D2CW	HK-20D4CW
图片			
额定频率	50 Hz/60 Hz		
额定电压	AC176~264 V		
输入类型	零火线输入		
按键数	4	2	4
可接负载数	不接负载，4 个场景	窗帘开关	窗帘开关
负载输出	—		
负载功率	—		
通信方式	无线 2.4 GHz ZigBee		
外形尺寸	86 mm × 86 mm × 36 mm		
安装方式	标准 86 底盒，嵌入式安装		

(7)10 系列功能触控面板如表 2-4-8 所示。

表 2-4-8　10 系列功能触控面板

名称	HK-10P1CWA	HK-10P2CWA	HK-10P3CWA
图片			
额定频率	50 Hz		
额定电压	220 V		
输入类型	单火线输入		
按键数	1	2	3
可接负载数	1	2	3
负载输出	只能做灯控，不能控制窗帘电机，也不能定义为场景功能		
负载功率	≤ 800 W／路；最小支持 3 W 节能灯／5 W LED 灯／16 W 荧光灯（目前只控制灯）		

续表

名称	HK-10P1CWA	HK-10P2CWA	HK-10P3CWA
通信方式	ZigBee（ZHA 标准协议）		
外形尺寸	86 mm × 86 mm × 10 mm(最薄 10 mm，最厚 14 mm)		
安装方式	标准 86 底盒，嵌入式安装		

五、智能照明系统拓扑图

智能照明系统拓扑图如图 2-4-7 所示。

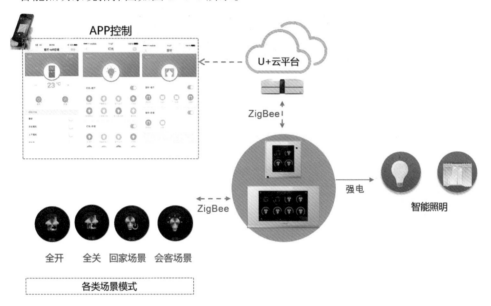

图 2-4-7　智能照明系统拓扑图

任务实施

（1）智慧照明面板拆装。

从智能面板下侧轻轻掰开前面板，如图 2-4-8 和图 2-4-9 所示。

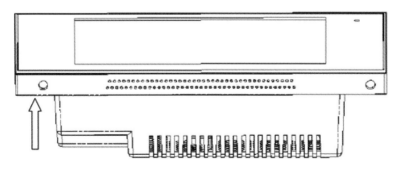

图 2-4-8　面板顶视图

图 2-4-9　面板背面

(2)智慧照明面板接线,如图 2-4-10 所示。

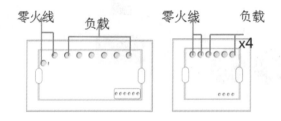

图 2-4-10　智慧照明面板接线

(3)功率匹配,如表 2-4-9、图 2-4-11 和图 2-4-12 所示。

表 2-4-9　功率匹配

型号	对应输出	单路输出功率 (max)	总功率 (max)
HK–60P4CW	L1	500 W	2000 W
	L2	500 W	
	C1	500 W	
	C2	500 W	
HK–60Q6CW	L1	500 W	2600 W
	L2	500 W	
	C1	500 W	
	C2	500 W	
	T1	300 W	
	T2	300 W	

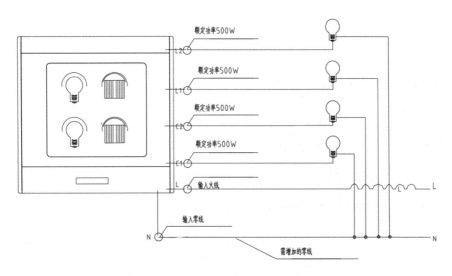

图 2-4-11　4 键智能触控面板接线图

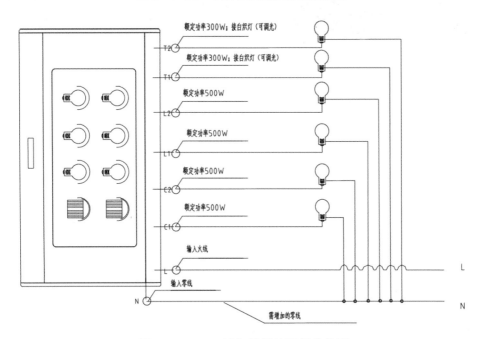

图 2-4-12　6 键智能触控面板接线图

（4）用螺丝将智能开关底座固定在接线盒内，如图 2-4-13 所示。

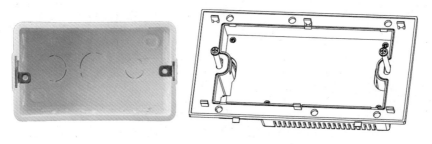

图 2-4-13　智能开关底座固定

（5）照原先拆下的排线顺序把电源底板和显示板进行接线，最后将拆离的面板扣回到智能开关主体上，如图 2-4-14 所示。

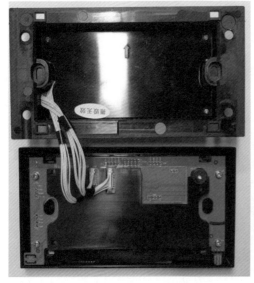

图 2-4-14   60 面板拆装示意图

（6）智能触控面板与智能触控开关接入负载后，触摸对应负载端口的按键，即可实现开关灯光。调光类灯接入调光(T1、T2)端口，调节灯光时长按对应按键，显示调光条，滑动调光条，即可控制灯光亮度等级。

点击右上角功能键图标，左右滑动出现设置键，进入设置功能键菜单栏中进行地址与相关功能更改。

（7）系统设置说明：在系统设置界面有单元号、门牌号、网络号与面板号的设定：①单元号(1~98)，用户所处的单元号，若要组网，则单元号要设置成相同的；②门牌号(1~980)：用户所处的门牌号，若要组网，则门牌号要设置成相同的；③网络号(1~250)：只有网络号相同的面板才能通过 ZigBee 无线网络互相通信，不同网络号之间可以通过有线连接到一起，实现交互；④面板号(1~32)：用于区分同一网络号内的不同面板，同一个网络号内的面板号不允许重复。选择外部触点类型：无效、常开、常闭。设置外部触点信号消失后继续动作的延时时间：5~120 s。设置六路负载是否响应外部信号：响应开，响应关。485 模块定义：智能终端，多楼层主机，多楼层从机，空调（见图 2-4-15）。

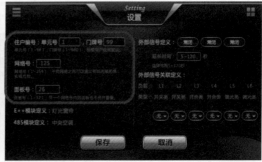

图 2-4-15   多楼层主、从机空调

(8)智慧照明 CAD 图纸设计。

步骤：CAD 案例设计—打开智能家居系统图例—根据智慧照明安装示意图进行设计，如图 2-4-11 和图 2-4-12 所示。

任务评价

任务评价如表 2-4-10 所示。

表 2-4-10　任务评价

评估细则	分值	学生自评	小组互评	教师考核
活动组织有序，组员参与度高	10			
对智能家居的感受充分	50			
逻辑清晰，分析合理	15			
叙述条理性强，表达清晰	15			
表演感染力强	10			
总分	100			
各项总平均分				

拓展与提高

(1)网关 HW-WGW 型 779 MHz 智能家居照明拓扑图如图 2-4-16 所示。

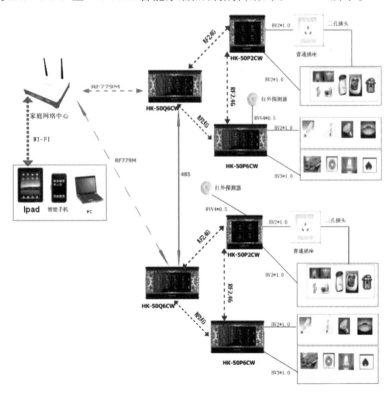

图 2-4-16　网关智能家居照明拓扑图

(2)50 系列触控面板负载匹配情况如表 2-4-11 和图 2-4-17 所示。

表 2-4-11   50 系列触控面板负载匹配情况

型号	按键	对应输出	单路输出功率 (max)	总功率 (max)	负载要求
HK-50P4CW	K1、K2	L1、L2	300 W	1200 W	通用阻性、感性、容性负载
	K3、K4	C1、C2	300 W		通用阻性、感性、容性负载
HK-50P6CW、HK-50Q6CW	K3	C1	1500 W	3600 W	大功率灯负载（如水晶灯）
	K4	C2	500 W		灯带等负载
	K5	L1	500 W		通用阻性、感性、容性负载
	K6	L2	500 W		通用阻性、感性、容性负载
	K7	T1	300 W		白炽灯和射灯等调光负载
	K8	T2	300 W		白炽灯和射灯等调光负载

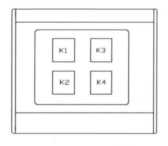

HK-50P4CW 面板

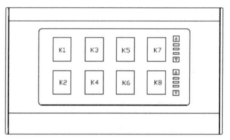

HK-50P6CW / HK-50Q6CW 面板

图 2-4-17   50 系列触控面板示意图

(3) 概念补充：

按键 —— Q6、P6 面板每个面板有 8 个按键。默认状态下，其中 6 个控制本地负载，另外 2 个全开和全关本地负载。P4 有 4 个按键，全部控制本地负载。

负载 —— 每一路输出，包括各种灯、窗帘电机、排气扇电机等。

负载按键 —— 当负载有效时，相应按键就是负载按键，即此按键的动作只影响到对应负载的开关。

自由按键 —— 当某一负载无效时，相应按键被自动释放，成为自由按键，未定义的自由按键不响应任何操作。

遥控按键 —— 自由按键对码成对某一路灯的操作时，就成为遥控按键。

情景按键 —— 某一自由按键被定义成实现某一灯光情景时，就叫情景按键。

(4) 拨码开关的作用：

BM1：网络地址（出厂默认 00000000），8421 码组合（00000000 ~ 11111110），最多支持 255 个网络。若组网成功，BM1 拨码必须相同。

BM2：第 1、2 位表示 T2、T1 调光功能有效性；第 3、4、5、6、7、8 位表示 T1、T2、L1、L2、C1、C2 负载有效性。

BM3：第 1 位表示全开、全关功能有效性；第 2、3、4、5 位表示 T2、T1、L2、L1 是否响应外部输入；第 6、7、8 位表示 T1、T2、L1、L2、C1、C2 是否为窗帘负载。

BM4：第 1~4 位：面板地址 —— 面板地址为 8421 码组合（0000 ~ 1111），1 个网络最多支持

16 个面板。需要注意的是,整个网络必须有一个面板地址为"0000"的情景面板,来负责整个网络的发起。若组面板成功,BM4 的面板地址拨码必须不同。

拨码开关示意图如图 2-4-18 所示。

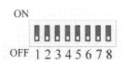

图 2-4-18　拨码开关示意图

实训提纲

1. 目的要求

通过实训,可以使学生了解开关面板的发展史与演变过程,了解控制面板的基本结构组成,掌握使用电脑配置触控面板各类参数的方法,了解触控面板常见故障的原因以及恢复出厂设置的步骤。

2. 实训项目支撑条件

学习知识链接内容,根据要求进行智能触控面板的设备选型,掌握使用电脑配置触控面板各类参数的方法。

3. 实训任务书

(1)完成智能照明系统的组建与配置。

(2)作业要求:

①概括分析智能面板的主要功能。

②分析概括各种型号智能开关的主要区别与联系。

③归纳智能触控面板的拆装方法与步骤。

④读懂智能照明系统开关点位图。

⑤根据不同客户的需求选择对应开关面板。

(3)作业成果：

①每组提交电子报告一份。

②采用学生自评、小组互评完成表2-4-10的填写。

(4)考核方法：根据上交的作业的质量、上课期间教师抽查的结果等，给学生打出优、良、合格、不合格。

任务五　智能家居窗帘、门窗系统的装调

早期，汽车玻璃窗的升降一般都是手摇的。如今，随着人们生活水平的提高与科技的进步，电动窗已经变成标配，同时也加入了很多的其他功能，如防夹、一键全关等。窗帘跟汽车玻璃窗非常相似，一般人觉得，拉窗帘就随手的事，没必要花钱。而当你居住的房子面积大了，当你的房顶超过5米了，当你的房间数目多了，需求就变得明显了：

到了晚上，下班回家，一个窗帘一个窗帘地关，真麻烦！

天气说变就变，又下雨了，窗户还开着呢！

教学目标

教学目标如表2-5-1所示。

表2-5-1　教学目标

学习任务	智能家居窗帘、门窗系统的装调
建议学时	2学时
本节学习目标	1.了解智能窗帘的类型、结构与功能； 2.掌握智能窗帘轨道测量方法； 3.掌握智能窗帘轨道、电机的安装步骤与配置方法； 4.了解智能开窗器类型、结构与功能； 5.熟悉风光雨传感器的结构与功能； 6.掌握智能开窗器与风光雨传感器的联动应用
本节任务	了解智能窗帘的类型、结构与功能，掌握智能窗帘轨道测量方法，掌握智能窗帘轨道、电机的安装步骤与配置方法
本节岗位场景再现	根据智能家居工程项目需要对实体家居智能窗帘进行测量、设计与装调

任务描述

根据李先生智能家居工程项目需要，曹工安排小顾一起参与李先生家的智能窗帘的测量、设计与装调。

知识链接

（1）系统拓扑图如图 2-5-1 和图 2-5-2 所示。

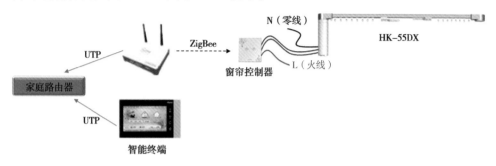

图 2-5-1　强电控制型电机

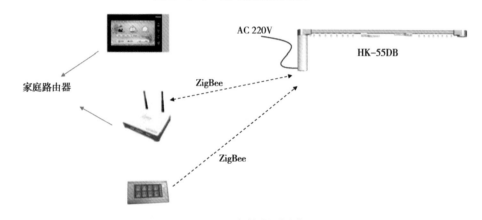

图 2-5-2　弱电控制型电机

（2）单品分析（协议型、强电型）如表 2-5-2 所示。

表 2-5-2　单品分析

序号	产品名称	产品型号	图片	参数描述
1	窗帘电机	HK-60DB		1.通信协议：无线 ZigBee；RS485（预留）。 2.工作电压：AC 110 ~ 240 V/50 Hz。 3.电机形式：直流电机。 4.功率：45 W。 5.运行速度：14 cm/s。 6.遇阻自停
2	窗帘电机	HK-55DX		1.电子行程限位。 2.遇阻停止功能。 3.停电手拉功能。 4.超静音运行设计。 5.运行速度：20 cm/s。 6.可连接智能窗帘控制器。 7.轨道长 5 m 以内承重 35 kg；轨道长 12 m 以内承重 30 kg

序号	产品名称	产品型号	图片	参数描述
3	风雨传感器	AW–1		1. 功能：DC 直流 24 V/ 交流 220 V，无线组网，可联动智能家居场景；测风，数据上传；测雨，数据上传，手机可查看状态。 2. 带组网按键、待开关按键；带双色指示灯，无线 ZigBee 组网，通过网关与海尔智能家居系统组网使用，也可以与 60 智能面板直接互联。 3. 材料：铝合金材料。 4. 机身：三防底盒设计。 5. 安装方式：外装。 6. 尺寸：直径 196 mm，高 84 mm
4	智能开窗器	AH–30		1. 功能：DC 直流 24 V/ 交流 220 V，静音直流电机，额定 300 W，推力 100 ~ 300 N 可调节。 2. 带组网按键、待开关按键；带双色指示灯，无线 ZigBee 组网，通过网关与海尔智能家居系统组网使用，也可以与 60 智能面板直接互联；支持开合功能；60 面板支持 7 挡开合度调节。 3. 离机可用：机身自带开合 / 复位物理按键，方便特定时候直接用手控制。 4. 上下端双电源插口，布线更方便美观。 5. 材料：链条碳钢镀镍，长度分 30 cm、50 cm 或者可以调节长度；铝合金材料。 6. 机身：6061 航空铝，几乎全面积铝合金。 7. 安装方式：外装。 8. 尺寸：宽度 43 mm、高度 33 mm、长度 420 mm
5	窗帘轨道型材	HK–60GP		辅材配件

（3）轨道的开合方式如图 2-5-3 和图 2-5-4 所示。

图 2-5-3　单开

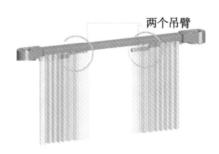

图 2-5-4 双开

(4)电机的类型如图 2-5-5 所示。

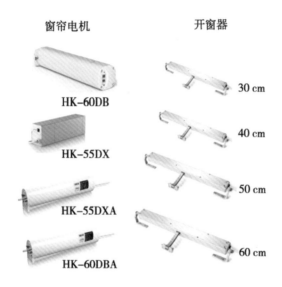

图 2-5-5 电机的类型

任务实施

一、轨道测量

(1)直轨:直轨轨道长度需比实际窗帘盒长度短 4 cm,如图 2-5-6 所示。

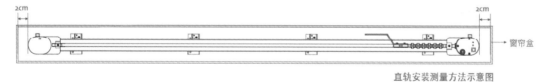

图 2-5-6 轨道测量

(2)窗帘盒尺寸如图 2-5-7 所示。

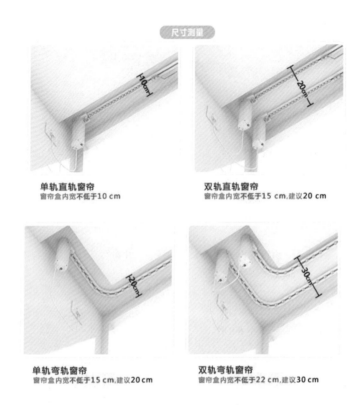

图 2-5-7　窗帘盒尺寸

（3）轨道测量方法如图 2-5-8 所示。

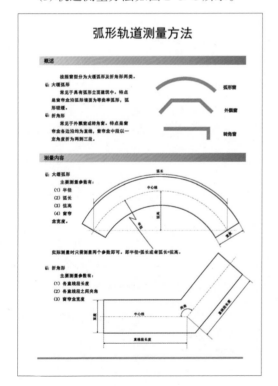

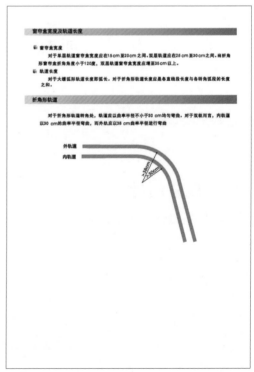

图 2-5-8　轨道测量方法

二、窗帘系统安装

(1) 窗帘轨道安装如图 2-5-9 所示。

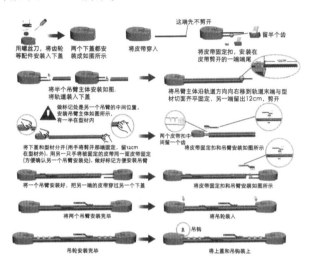

图 2-5-9　智能窗帘轨道安装步骤

智能窗帘轨道
安装视频

(2) 电机安装如图 2-5-10 所示。

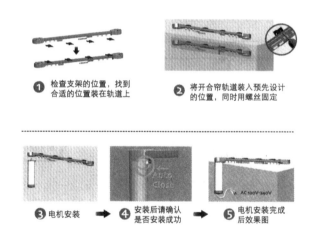

图 2-5-10　电机安装步骤

三、入网调试

用上位机配置软件对协议电机 ZigBee 模块进行地址配置：

协议型电机出厂默认网络号 250,面板号 31,单元号 1,门牌号 10,上电自动轨道自检,自检时绿灯闪烁,自检完毕后进入正常模式,灯灭。

在正常模式下长按按键 3 秒,显示电机当前网络配置(即面板号),配置过的电机按照配置后的电机地址闪烁,并按周期循环显示;没有配置过的电机按默认网络号 250 周期循环闪烁。

在显示面板号情况下,长按按键 3 秒,进入配置状态,红绿灯交替闪烁。配置状态下三种操作方式选其一：

方式一：上位机下发基址，待程序下发完成，电机接收到主机发来的组网参数设置指令后，灯灭。电机自动按新网络号重新配置 ZigBee 网络，进入正常模式。再次使用上位机软件下发负载配置，在配置接收状态，红灯闪烁，接收完毕后，自动熄灭，电机自动进入自检模式(绿灯闪烁)，自检完毕，灯灭，进入正常模式。

方式二：长按按键3秒，恢复上一次配置，并切入自检模式(绿灯闪烁)，自检完毕，灯灭，进入正常模式。

方式三：长按按键6秒，恢复出厂设置，并切入自检模式(绿灯闪烁)，自检完毕，灯灭，进入正常模式。

补充：以上任何状态下，断电重新上电，都可以退出当前模式，返回到正常使用状态。当电机配置完成后，使用过程中断电重新上电，电机会重新自检。

四、智能窗帘的 CAD 图设计

步骤一：打开智能家居系统图例与窗帘系统示意图。

步骤二：根据窗帘系统示意图进行设计，如图 2-5-11 所示。

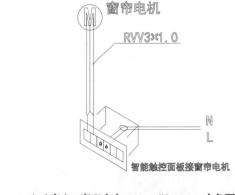

图 2-5-11　智能窗帘的 CAD 图设计

五、调试流程

用上位机配置软件，可以通过 R106 版本的 60Q6 或新网关对 HK-60DB 电机 ZigBee 模块进行地址配置。

六、窗帘面板号对码表

①信号灯闪烁时，1 秒间隔，都显示完毕后熄灭 2 秒再进入下一次循环闪烁。

②双色灯都闪的时候,先闪红灯,红灯闪后再闪绿灯。

③红灯闪1代表数字5,绿灯闪1代表数字1,面板号等于红绿灯所代表的数字之和,如图2-5-12所示。

面板号	指示灯		面板号	指示灯	
1		绿灯闪1	17	红色闪3	绿灯闪2
2		绿灯闪2	18	红色闪3	绿灯闪3
3		绿灯闪3	19	红色闪3	绿灯闪4
4		绿灯闪4	20	红色闪4	
5	红色闪1		21	红色闪4	绿灯闪1
6	红色闪1	绿灯闪1	22	红色闪4	绿灯闪2
7	红色闪1	绿灯闪2	23	红色闪4	绿灯闪3
8	红色闪1	绿灯闪3	24	红色闪4	绿灯闪4
9	红色闪1	绿灯闪4	25	红色闪5	
10	红色闪2		26	红色闪5	绿灯闪1
11	红色闪2	绿灯闪1	27	红色闪5	绿灯闪2
12	红色闪2	绿灯闪2	28	红色闪5	绿灯闪3
13	红色闪2	绿灯闪3	29	红色闪5	绿灯闪4
14	红色闪2	绿灯闪4	30	红色闪6	
15	红色闪3		31	红色闪6	绿灯闪1
16	红色闪3	绿灯闪1	32	红色闪6	绿灯闪2

图2-5-12 窗帘面板号对码表

七、上位机定义设置

面板型号选择电动窗帘,在L1名称中填写名称,负载类型选择窗帘,如图2-5-13所示。

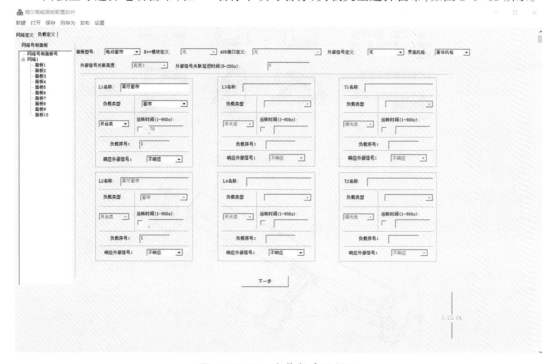

图2-5-13 上位机定义设置

任务评价

任务评价如表 2-5-3 所示。

表 2-5-3   任务评价

评估细则	分值	学生自评	小组互评	教师考核
活动组织有序，组员参与度高	10			
对智能家居的感受充分	50			
逻辑清晰，分析合理	15			
叙述条理性强，表达清晰	15			
表演感染力强	10			
总分	100			
各项总平均分				

拓展与提高

智能开窗器和风光雨传感器装调：

（1）开窗器安装环境如图 2-5-14 和图 2-5-15 所示。

图 2-5-14   开窗器安装形式

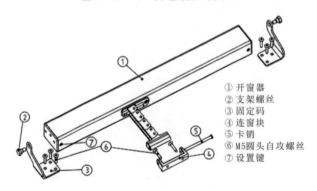

图 2-5-15   开窗器安装构造

（2）风光雨传感器的安装如图 2-5-16 所示。

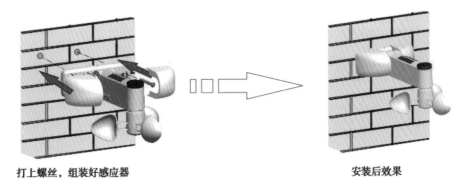

打上螺丝，组装好感应器　　　　　　　　　安装后效果

图 2-5-16　风光雨传感器的安装

（3）风光雨传感器安装注意事项如图 2-5-17 所示。

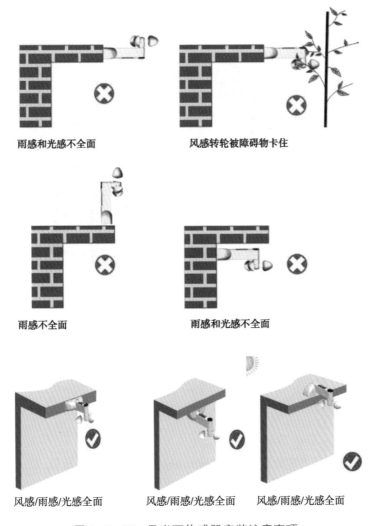

雨感和光感不全面　　　　　　　　风感转轮被障碍物卡住

雨感不全面　　　　　　　　　雨感和光感不全面

风感/雨感/光感全面　　　风感/雨感/光感全面　　　风感/雨感/光感全面

图 2-5-17　风光雨传感器安装注意事项

（4）接线说明。

①智能开窗器如图 2-5-18 所示。

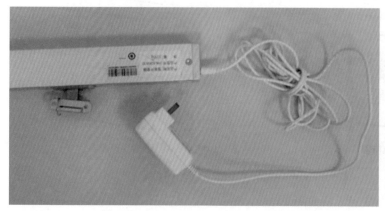

图 2-5-18　智能开窗器

②风雨传感器如图 2-5-19 所示。

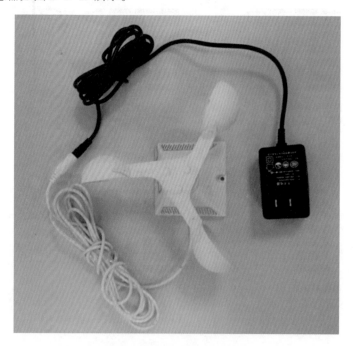

图 2-5-19　风雨传感器

③入网方法。

a. 长按配置键 6 s，显示当前面板号。

b. 长按配置键 6 s，红蓝指示灯交替闪烁，在上位机上发送面板号，发送完毕指示灯显示面板号。

④移动客户端软件设置操作。

a. APP 软件设置如图 2-5-20 所示。

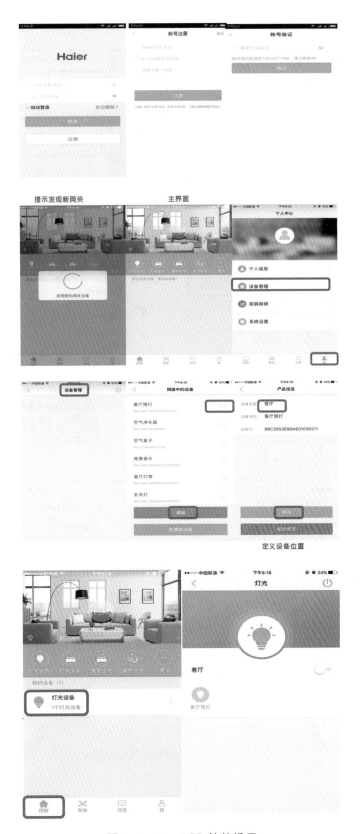

图 2-5-20 APP 软件设置

b. 场景设置如图 2-5-21 所示。

图 2-5-21　智能场景设置

实训提纲

1. 目的要求

通过实训,可以使学生了解智能窗帘的类型、结构与功能,掌握智能窗帘轨道测量方法,掌握智能窗帘轨道、电机的安装步骤与配置方法。

2. 实训项目支撑条件

学习知识链接内容,掌握智能家居的国家标准,了解智能开窗器类型、结构与功能,如何测量智能窗帘轨道的数据,开窗器、风光雨传感器安装环境的要求有哪些,熟悉风光雨传感器的结构与功能,掌握智能开窗器与风光雨传感器的联动应用。

3. 实训任务书

(1)完成智能家居窗帘、门窗系统的装调。

(2)作业要求:根据智能家居工程项目需要对实体家居智能窗帘、风光雨传感器进行测量、设计与装调。

(3)作业成果:

①每组提交电子报告一份。

②采用学生自评、小组互评完成表 2-5-3 的填写。

(4)考核方法:根据上交的作业的质量、上课期间教师抽查的结果等,给学生打出优、良、合格、不合格。

[1] 林思荣 . 一本书读懂智能家居 [M].2 版 . 北京：清华大学出版社，2019.

[2] 黄金凤，杨洁 . 居住建筑装饰设计 [M]. 南京：东南大学出版社，2011.

[3] 张绮曼，郑曙旸 . 室内设计资料集 [M]. 北京：中国建筑工业出版社，1991.

[4] 马欣欣 . 居家养老模式下的家具适老性设计研究 [D]. 北京：北京林业大学，2016.

[5] 赵瑞芬 . 关于物联网智能家居的初探 [J]. 科技信息，2010(22)：199.

[6] 高小平 . 中国智能家居的现状及发展趋势 [J]. 低压电器，2005(4)：18–21.

[7] 张艳玲 . 基于 ZigBee 技术的智能家居控制网络的研究与设计 [D]. 沈阳：东北大学，2009.

[8] 徐方荣 . 无线智能家居控制系统的设计 [D]. 上海：上海交通大学，2010.

[9] 李利，刘鲁涛 .Protel 电路设计与制版案例教程 [M]. 北京：清华大学出版社，2011.

[10] 巩书兰 . 智能家居控制系统的设计 [D]. 天津：天津工业大学，2008.

[11] 胡旭央，张寒凝 . 以睡眠场景为例的智能家居场景模型构建研究 [J]. 包装工程，2021，42(10)：124–129.

[12] 张伟，王宜怀 . 基于 AVR 的智能家居系统设计与实现 [J]. 计算机技术与发展，2022，32(3)：209–213.

[13] 卫鹏，李泽东 . 智能家居在我国老年人家居空间设计中的应用及趋势 [J]. 艺术家，2021(3)：34.

[14] 钟依平 . 基于 ZigBee 无线技术的智能家居方案 [J]. 中国公共安全（综合版），2013(14)：134–138.

[15] 孙仁阳 . "适老性"智能家居空间设计研究 [J]. 中阿科技论坛（中英文），2021(6)：99–101.

[16] 王振强 .Arduino 在"智能家居应用设计"模块教学中的应用研究 [J]. 中国现代教育装备，2021(10)：49–52.

[17] 赵妍，张诗雅，岳冰洋 . "宅生活"背景下物联网信息技术在未来智慧住宅设计中的应用 [J]. 无线互联科技，2021，18(21)：87–88.